Vom Solo zur Sinfonie

Christian Gansch

Vom Solo zur Sinfonie

Was Unternehmen von Orchestern lernen können

Eichborn

1 2 3 4 07 06

Umschlaggestaltung: Christina Hucke
Lektorat: Waltraud Berz
Layout: Susanne Reeh
Gesamtherstellung: Fuldaer Verlagsanstalt, Fulda
ISBN-10: 3-8218-5640-8
ISBN-13: 978-3-8218-5640-7

Verlagsverzeichnis schickt gern:
Eichborn Verlag, Kaiserstraße 66, D-60329 Frankfurt am Main
www.eichborn.de

Musik ist die Melodie,
zu der die Welt der Text ist.
Arthur Schopenhauer

Inhalt

4. Führungsprozesse

5. Inspiration, Innovation

Einführung

In der Wirtschaftswelt werden Diskussionen zunehmend durch Schlagworte geprägt. Unentwegt fordern Meinungsführer *Inspiration, Kreativität* und *Visionen* ein, und natürlich auch den dazugehörigen *Mut,* die *Begeisterung* und *Leidenschaft,* diese Elemente sogleich in notwendige *Innovationen* umzusetzen. Mit großer Geste wird angemahnt, dass künftig nur eine ausgeprägte *Bereitschaft zum Wandel* und ein hohes Maß an individueller und unternehmerischer *Flexibilität* der globalen Konkurrenz auf zusammenwachsenden Märkten Paroli bieten könnten.

Diese Begriffe sind als Erfolgsfaktoren allgemein akzeptiert. Meine langjährigen Erfahrungen in der Unternehmens- und Musikwelt haben mir jedoch gezeigt, dass edle Begriffe nur leere Worte sind, wenn nicht gleichzeitig eine gesunde Unternehmenskultur geschaffen wird, die engagierte Rhetorik und alltägliche Praxis fruchtbringend zusammenführt.

Mit meinem Buch verbinde ich den Anspruch, anhand der kommunikativen Prozesse in einem Orchester darzustellen, welches Bewusstsein diese Erfolgsfaktoren benötigen, damit sie am Ende auch in die Realität umgesetzt werden können. Dabei will ich zeigen, dass Einheit schaffen und gleichzeitig individuelle Vielfalt zulassen, beziehungsweise annehmen, kein Widerspruch ist. Denn ich bin der festen Überzeugung, dass die Auffassung, ein harmonisches Miteinander nur durch eine Art von »Gleichschaltung« aller Beteiligten erreichen zu können, die menschliche Natur verleugnet und daher ins Abseits führt.

Jeder von uns ist eingebunden in ein orchestrales Stimmengewebe, und darin sind nicht Schlagworte bestimmend, sondern die Offenheit für zwischenmenschliche Prozesse und gesellschaftliche Beziehungen.

Ich erinnere mich an eine Orchesterprobe, in der dieser Unterschied zwischen purer Rhetorik und der Umsetzung von Inhalten offensichtlich wurde: Der Dirigent Sergiu Celibidache arbeitete im langsamen Satz der 4. Sinfonie von Brahms mit den Streichern an einem warmen, ruhig fließenden Klang. Für diese wunderbaren Takte benötigen die Musiker kaum eine zusätzliche Motivation seitens der Führungskraft Dirigent, denn eindringlich offenbart sich hier die Schönheit und Würde der Musik. Aber mitten im Fluss dieser Passage brach der Maestro plötzlich unwirsch ab. Mit verbissener Miene und heiserer Stimme fauchte er das Orchester an: »Spielen Sie entspannt! Ganz locker bitte!«

Unvermittelt verkrampften sich die Finger der Streicher, den Bläsern blieb gleich ganz die Luft weg.

Aber nach einigen Schrecksekunden brach das gesamte Orchester in Gelächter aus.

In Managementliteratur über Soft Skills kann man Gewissheiten lesen wie: »Wenn Sie nicht selbst leidenschaftlich von einer Sache begeistert sind, werden Sie auch bei Ihren Mitarbeitern keine Begeisterung auslösen.« In Bezug auf mein Orchesterbeispiel heißt das: »Wenn Sie selbst verspannt sind, werden Sie bei Ihren Mitarbeitern ebenfalls nur Verspannungen verursachen.«

Diese unwiderlegbaren Aussagen lösen jedoch nicht das eigentliche Problem ihrer Umsetzung. Denn die meisten Ratgeber enthalten keinerlei Hinweise darauf, unter welchen Voraussetzungen man denn zuallererst in sich selbst beispielsweise »Begeisterung« erwecken kann, damit diese in der Folge auch mitreißend und positiv auf andere ausstrahlt.

Natürlich lösen viele Soft-Skill-Begriffe vorübergehend angenehme Assoziationen aus. Daher sind sie auch in aller Munde. Das Lästige ist nur: die Umsetzung ihrer Bedeutung kann innerhalb von Organisationen keinesfalls verordnet werden, auch wenn es immer wieder versucht wird. Im Gegenteil: die meisten Erfolgsfaktoren entziehen sich dem direkten Befehl, so ernsthaft und engagiert er auch erteilt wird. Begriffe wie *Leidenschaft* oder *Inspiration* können nicht einfach »angeknipst« werden wie das Licht, das widerspricht ihrem Wesen.

Wer heutzutage gute Leitsätze formuliert, der besitzt offenbar sofort eine Art Deutungs- und Kontrollhoheit über Werte, ohne weitere Angaben über die »Kunst der Umsetzung« machen zu müssen. Doch genau um diese muss es gehen. Keine rhetorischen Spielchen ohne klaren Realitätsbezug! Und für diesen ist die höchst komplexe Orchesterwelt ein ideales Sinnbild.

Im obigen Orchesterbeispiel klärte und löste das allgemeine Gelächter die Situation. Und dadurch wurde auch dem Dirigenten der Widerspruch zwischen seiner Ausdrucksweise und dem Inhalt, den er vermitteln wollte, klar vor Augen geführt.

Dies rückt sogleich ein wesentliches Element der Orchesterkultur in den Blickpunkt: das Feedback ist im Orchester stets unmittelbar.

Danach versuchte Celibidache erst gar nicht die Verteidigung und Rechtfertigung seiner rhetorischen Vorgaben. Er hob ruhig die Hände und gab einen kleinen, unaufdringlichen Einsatz. Mit feinen Bewegungen formte und führte er durch die Takte der Brahmsschen Musik. Er war ganz und gar, ohne jegliche Pose, auf den Inhalt, also das Wesen der Musik konzentriert. Ein lebendiges, neugieriges Miteinander entwickelte sich, eine fließende Wechselbeziehung aller beteiligten Kräfte. Die Musiker des Orchesters hörten aufeinander im Geflecht der vielen Stimmen, und der Dirigent hörte und reagierte auf das Ensemble: Orchesterkultur pur.

Diese orchestrale Interaktion ist die Grundbedingung für gemeinsamen Erfolg. In einem Sinfonieorchester arbeiten bis zu hundert Spitzenkräfte, die eine künstlerisch höchst individualistische Ausbildung haben, tagtäglich auf engstem Raum zusammen, ohne dass sie jemals die Chance bekommen, sich zur Erholung ins eigene Büro zurückzuziehen. Es leuchtet sofort ein, dass dieser Arbeitssituation ein hohes Konfliktpotenzial innewohnt. Spannungen sind im Orchester an der Tagesordnung und sie treten aufgrund der permanenten räumlichen Nähe schonungslos deutlich wie unter dem Mikroskop hervor. Aber trotz dieser schwierigen Umstände können die Musiker eines Orchesters im entscheidenden Moment gemeinsam Spitzenleistungen erbringen. Dabei setzt sich jeder für jeden ein, im Bewusstsein, dass sie für den Erfolg aufeinander angewiesen sind.

Selbstverständlich spielt das gesamte Orchester das gleiche Stück. Kaum vorstellbar, dass die rechte Hälfte Mozart und die linke Brahms musiziert. Aber Noten sind bedrucktes Papier, sie allein ergeben noch keinen Klang und schon gar nicht ein hörenswertes Konzert, das die Zuhörer, also die »Kunden« überzeugt.

Auch in Unternehmen liegen Konzepte und Strategien bereit. In beiden Fällen geht es letztlich um nichts anderes als eine optimale Umsetzung.

Ein funktionierender Orchesterapparat stellt ein Paradebeispiel für ein kreatives, offenes und damit reaktionsfähiges Unternehmen dar. So ein Topensemble, das sich üblicherweise aus international rekrutierten Spitzenleuten zusammensetzt, muss ein lebendiger Organismus mit effizienten Führungs- und Konfliktlösungsstrategien sein, um Erfolg haben zu können. In der Folge werden Sie sehen, dass die Strukturen von Orchestern und anderen Unternehmen verblüffende Parallelen aufweisen, auch wenn Sie als Konzertbesucher beim Anblick eines Orchesters den Eindruck gewinnen, dass es sich dabei um eine eher anachronistische Organisationsform handelt.

Aber dieses äußere Erscheinungsbild unterscheidet sich gewaltig von den inneren Strukturen, den komplexen und spannenden Arbeitsabläufen, die, vor allem in der Probenarbeit, ein Orchester erst zu einem Spitzenteam formen. Und es sind gerade diese orchestralen Strategien der Umsetzung von Konzepten, die Ihnen bestimmte Einsichten aus einer ganz neuen Perspektive bieten können. Auch in Bereichen wie Teambildung und Kommunikation kann ein Orchester als anschauliches Modell dienen.

Es geht um die Frage, wie aus dieser orchestralen Vielfalt an Charakteren, Instrumenten und Stimmen eine wohlklingende Einheit entsteht. Dabei möchte ich »Einheit« keinesfalls verstanden wissen als eine Art von Gleichschaltung und Reduktion der unterschiedlichen Persönlichkeiten, und auch nicht als Kompromiss auf kleinstem gemeinsamen Nenner bei der Umsetzung von Ideen und Visionen. In einem solchen Arbeitsklima würde jegliche Form von Kreativität, die ja Innovationen erst ermöglicht, ein mühsames Dasein fristen, wenn nicht sogar völlig blockiert werden.

Es ist übrigens nicht meine Absicht, Ihnen mit meinem Buch das einzig wahre und glücklich machende Erfolgsmodell verkaufen zu wollen. Klare Gebrauchsanweisungen sind heute zwar sehr gefragt. Aber ich glaube nicht an deren zielführende und nachhaltige Wirkung, da sie selten den so mannigfaltigen Menschentypen und Charakteren gerecht werden, die sie letztlich umsetzen sollen.

Ich muss gestehen, dass ich nach der Lektüre einiger praktischer Ratgeber am Ende feststellen musste, dass sie mein alltägliches Handeln nur flüchtig tangiert hatten. Denn sehr schnell fand ich mich wieder in einer Welt, die bedeutend vielfältiger war, als es das enge Korsett mancher Bücher mir suggerierte.

Daher fühle ich mich selbst zu Büchern hingezogen, die nicht vom hohen Ross herunter belehren, sondern in denen sich auf Basis einer lebendigen Auseinandersetzung eine Grundhaltung offenbart, die die mannigfaltigen Ausprägungen des Lebens nicht verleugnen muss, um zu bestehen.

Es geht mir in meinem Buch um ein »orchestrales« Bewusstsein und nicht um das seelenlose Befolgen von Regeln.

Ich will Ihnen nicht mit guten Argumenten einen Mantel aufdrängen, der zwar vielleicht überaus schick und gerade sehr in Mode ist, aber letztlich weder stofflich noch farblich zu Ihrem Typ passt.

Die von mir erläuterten Prozesse und Erfolgsstrategien innerhalb eines Orchesters sollen anhand beziehungsreicher Beispiele einen unmittelbaren Transfer zu Unternehmensstrukturen zulassen und auslösen. Diese Bilder aus der Musikwelt bieten mir die Chance, Konfliktfelder offen und schonungslos anzusprechen und gleichzeitig diverse Lösungsmöglichkeiten ohne erhobenem Zeigefinger auszuloten. Ich will Ihnen den Freiraum nicht nehmen, anhand meiner Darstellungen lustvoll Ihre Phantasie spielen zu lassen und Ihre eigenen Schlüsse zu ziehen.

Mein Ziel ist es, Ihnen neue Perspektiven und Räume für Denkansätze zu eröffnen, die Bausteine für eine bessere Unternehmenskultur sein können.

1. Das Orchester als Unternehmen

Einen guten Dirigenten
zeichnet aus, dass er weiß,
wann er das Orchester
nicht stören soll.
Herbert von Karajan

Die Musikerinnen und Musiker des Orchesters betreten langsam das Podium. Die Türen des Konzertsaales werden von Saaldienern geschlossen. Eilig huschen im Halbdunkel noch späte Konzertbesucher durch die Reihen. Die Musiker sitzen jetzt festlich gekleidet und beleuchtet auf ihren Plätzen und spielen sich auf ihren Instrumenten ein. Ein Klangwirrwarr von Streicher- und Bläserstimmen, dazwischen einige dumpfe Schläge der Pauke und des Schlagwerks. Dann erhebt sich der Konzertmeister, der als führender 1. Geiger den Platz links vom Dirigentenpodest einnimmt. Unvermittelt verstummt das Orchester. Die Oboe bläst ein »A« an und die einzelnen Instrumentengruppen stimmen ihre Instrumente nach diesem Ton. Erwartungsvolle Ruhe. Der Dirigent tritt auf. Applaus. Er schüttelt dem Konzertmeister stellvertretend fürs ganze Orchester die Hand und verbeugt sich nur kurz vor dem Publikum, denn noch gibt es nicht viel zu feiern. Dann dreht er sich zum Orchester hin. Die Mehrheit der Zuhörer kann den Dirigenten während des gesamten Konzerts nur von hinten betrachten und ahnt nicht, was ihr dabei an Einblicken entgeht. Der Dirigent hebt die Hände, ein Augenblick erwartungsvoller Stille, das Konzert beginnt.

Erster Eindruck

»Diese beispielhafte Harmonie des gesamten Ensembles! Alles so einfach und selbstverständlich! Warum läuft es in meinem Job nie so rund und homogen wie da vorne auf der Bühne?«, grübelt die Führungskraft, während sie nochmals ihren Arbeitsalltag Revue passieren lässt, der voll gepackt war mit zähen Meetings, zahllosen E-Mails und Telefonaten. Aber diese wunderbaren sinfonischen Klänge sollen dem Stressgeplagten jetzt ein bisschen Entspannung und Erbauung bringen.

Ein Sinfonieorchester ist in den Augen der meisten Betrachter ein perfektes Symbol für Homogenität. Jede Musikerin, jeder Musiker nimmt seinen genau definierten Platz ein, die Hierarchie steht unverrückbar fest. Es scheint keinerlei Positionskämpfe zu geben, die zu Reibungsverlusten führen. Der Gleichklang des vielköpfigen Teams fasziniert, bestechend auch das spielerische Ineinandergreifen der verschiedenartigen Instrumentengruppen.

Keine Gefahr, dass die Dame, die so anmutig ihr Cello spielt, mitten in der Beethoven-Sinfonie plötzlich auf die Pauke hauen will, oder dass der Trompeter sich aus Frust, mangels größerer Herausforderungen, unter die Streicher mischt. Ebenso undenkbar, dass ein Violinist während des Konzerts plötzlich das Bedürfnis verspürt, sich selbst zu verwirklichen, indem er die Gunst der Stunde nutzt, um dem Publikum mitten im Konzert seine eigene, selbst komponierte Melodie aufzutischen. Nichts davon, eine klare Ordnung und feste Strukturen bis ins letzte Glied.

Es besteht ebenfalls kein Anlass zur Besorgnis, dass sich der Dirigent im Konzert von seinem Podest herunter mitten ins Orchester hinein drängen könnte, um der Dame mit dem Englischhorn dieses aus der Hand zu nehmen und ihr mit gönnerhafter Miene zu demonstrieren, wie sie gefälligst zu spielen habe.

Obwohl es viele Dirigenten auf einem Instrument zur wahren Meisterschaft gebracht haben – oft waren sie selbst Mitglied eines Orchesters, bevor sie die Dirigentenlaufbahn einschlugen –, ist diese Form der direkten Einmischung absolut tabu. Es gilt das simple Prinzip: Der Dirigent dirigiert, die Musiker spielen ihre Instrumente.

Vom Solo zur Sinfonie

In meiner langen musikalischen Laufbahn kann ich mich nur an einen einzigen Fall erinnern, dass ein berühmter Dirigent, der ebenso ein anerkannter Geiger war, vor dem versammelten Orchester ein Instrument zur Hand nahm:

Im zweiten Satz der 9. Sinfonie von Bruckner, einem Scherzo mit bisweilen teuflisch stampfendem Charakter, gibt es einige gefürchtete Takte für die Gruppe der ersten Violinen. Selbst bei Spitzenorchestern ist die Intonation, also die Reinheit der Töne, bei dieser grifftechnisch schwierigen Stelle nicht immer perfekt. Es klingt zwar nicht direkt falsch, aber wenn man genau hinhört, sind unsaubere Töne keine Seltenheit.

Nachdem diese technisch anspruchsvolle Passage von Maestro Lorin Maazel intensiv geprobt worden war, sich aber dennoch keine hörbare Verbesserung einstellte, waren alle beteiligten Spieler ziemlich ratlos und ein wenig peinlich berührt. Denn einem Spitzenteam sollte das eigentlich nicht passieren. Daraufhin schlug er den ersten Violinen einen Fingersatz vor, der seiner Erfahrung nach funktionieren würde.

Sein Vorschlag war eigentlich ein kleiner Tabubruch. Denn Sie müssen wissen, dass Fingersätze üblicherweise etwas zutiefst Persönliches, ja sogar Intimes sind. Jeder Musiker muss stets den für ihn besten Fingersatz individuell austüfteln, also festlegen, mit welchen Fingern der linken Hand er die Noten grifftechnisch bewältigen kann. Und das ist abhängig vom Handtyp und der im langjährigen Studium erlernten Technik.

So wie Sie Ihrer Sekretärin nicht vorschreiben würden, mit welchen Fingern sie beim Diktat zu schreiben habe, so duldet auch die Frage nach der idealen grifftechnischen Lösung keinerlei Einmischung von außen. Fingersätze sind Privatsache.

In diesem Fall waren die Musiker natürlich in der Defensive, nachdem ihre eigenen Fingersätze nicht den erwünschten Erfolg gebracht hatten. Daher waren die ersten Violinen bereit, den grifftechnischen Vorschlag von Maestro Maazel anzunehmen. Aufgrund des komplizierten technischen Sachverhalts verstanden sie aber seine verbale Erläuterung der Griffabfolge nicht sogleich. Daraufhin stand der Konzertmeister spontan auf und drückte dem Dirigenten unter allgemeinem Geraune sein Instrument in die Hand, damit dieser seinen Fingersatz vorführen konnte. Nun gab es kein Zurück mehr für den Dirigenten: Unvermittelt sah er sich gezwungen, dem gesamten Kollegium zu beweisen, dass er aus dem Stand heraus fähig ist, den selbst gesetzten Standards gerecht zu werden.

Ein wenig irritiert ließ er sich darauf ein. Das Orchester hielt den Atem an. Aber der Maestro spielte ausgezeichnet, viel besser als erwartet. Und tatsächlich zauberte er eine sehr spezielle Fingersatzlösung aus dem Hut, auf die nicht jeder Geiger sogleich gekommen wäre. Dafür erntete er anerkennenden Applaus vom gesamten Orchester, und jeder Spieler der ersten Violinen übte sofort für einige Sekunden die neue Griffvariante ein, bevor sie wieder im Kollektiv geprobt wurde.

Dann geschah etwas Merkwürdiges. Es stellte sich heraus, dass dieser Fingersatz nur gut klang, wenn er individuell angewandt wurde. Als ihn jedoch sechzehn Geigerinnen und Geiger der ersten Violinen gleichzeitig umsetzten, entstand mitten in der Passage ein eigentümlicher Ruck, der den Fluss der Tonfolge störend unterbrach. Beim einzelnen Musiker fiel das kaum ins Gewicht. Aber innerhalb der Gruppe verstärkte sich dieser Effekt zu einem kollektiven musikalischen »Schluckauf«, der mit dem neuen Fingersatz einfach nicht abzustellen und in den Griff zu bekommen war. Schließlich kamen alle überein, dass es besser wäre, wieder zu den individuellen technischen Lösungen zurückzukehren und an deren Perfektionierung zu arbeiten.

Wie sich in den darauffolgenden Pausengesprächen herausstellte, empfanden die meisten diesen Ausgang insgeheim als überaus tröstlich.

Die individuelle Variante war am Ende der Kollektivlösung überlegen. Die Privatsphäre blieb diesbezüglich gewahrt und unausgesprochen stand im Raum: Vielfalt erzeugt den besten Klang, die richtige Mischung macht's!

Dieses Beispiel zeigt, dass nicht jede Arbeitsweise und -technik bei allen Menschen gleich gut funktioniert. Dies sollte man nicht werten und beklagen, im Sinne von: »Die können das nicht auf die vorgeschriebene Weise«, sondern schlicht akzeptieren.

Oft wird das nötige Vermitteln von Techniken und Strategien bereits selbst als das Erfolgsmodell schlechthin verkauft, obwohl es nur Mittel zum Zweck ist und erst die Verbindung von Strategie und Persönlichkeit zum Erfolg führt.

Musiker müssen sich jahrelang in mühevoller Kleinarbeit das technische Handwerkszeug aneignen, um später einmal in einem Spitzenorchester mitspielen zu können. Im Laufe dieses Prozesses variiert jedoch jeder Einzelne die technischen Grundbedingungen so, dass sie zu seiner Persönlichkeit, zu seinem Körper passen. Ein kleiner Geiger mit dicken Fingern wird ganz andere Techniken verwenden müssen, als eine große schlanke Geigerin mit langen, dünnen Fingern.

In einem Orchester kommen die unterschiedlichsten Typen vor. Und sie sind alle auf ihre Weise einzigartig. Nicht zuletzt, weil es ihnen gestattet ist, ja sogar in ihrer Ausbildung stets größter Wert darauf gelegt wurde, dass sie auf Basis allgemeiner Grundtechniken ihren persönlichen Stil finden.

Bereits als Kind irritierte mich der machtvoll stampfende Gleichschritt marschierender Soldaten. Zugleich begeisterte mich die physikalische Tatsache, dass sogar erstklassig konstruierte Brücken von einer Menschenmasse im Gleichschritt wegen der sich dabei aufschaukelnden Schwingungen zum Einsturz gebracht werden können. Das ist der Grund, warum Soldaten vor Brücken unbedingt in einen individuellen Schrittrhythmus wechseln müssen, um sich und ihre Kollegen nicht in Lebensgefahr zu bringen.

In diesem Bild wird individuelle Vielfalt zur Überlebensstrategie, indem sie – im wahrsten Sinne des Wortes – Stabilität und Tragfähigkeit sichert.

Wenn man sich verdeutlicht, dass der Begriff »Brücken bauen« ein alltäglich gebrauchtes Sinnbild sowohl für zwischenmenschliche als auch für länderübergreifende Beziehungen ist, so schließt er den Gleichschritt von Massen von selbst aus.

Verschiedene Herangehensweisen führen eher zu einem tragfähigen Gesamtergebnis als gleichgeschaltete. Es ist wichtig, dass Mitarbeiter, insbesondere Führungskräfte, den nötigen Freiraum bekommen, ihre eigenen Wege für die Umsetzung eines Konzepts zu finden. Solange sich alle den gemeinsamen Zielen verpflichtet fühlen, ist das kein Wagnis für das Unternehmen.

Im Orchester entsteht ein homogenes Klangbild nicht zuletzt aufgrund der ausgeprägten individuellen Unterschiede der einzelnen Persönlichkeiten. Daher klingen Jugendorchester, selbst wenn in ihnen die besten jungen Musikerinnen und Musiker verschiedener internationaler Hochschulen zusammenarbeiten, klanglich oft ein wenig dünn. Technisch zwar perfekt und virtuos, aber eher eindimensional, nicht so aussagestark wie ein eingespielter Orchesterapparat. Diese Hochbegabten sind vom Orchestererlebnis anfangs noch zu sehr überwältigt, sie lassen noch zu viel Gleichschaltung zu, anstatt auch im Kollektiv mehr auf ihre Individualität und persönliche Note zu setzen.

Der Eindruck einer selbstverständlich scheinenden Harmonie im Orchester ist also nichts als der äußere Schein. Ein Orchester ist nach außen hin zwar ein einheitlicher Organismus, jedoch mit einer komplizierten inneren Struktur, die ganz unvermutete Parallelen mit anderen Unternehmensstrukturen aufweist.

Klare Hierarchien

Vom Publikum aus betrachtet, teilt sich der hierarchische Aufbau des Orchesters nur absoluten Insidern mit. Kaum jemand ahnt, dass ein Orchester wie ein Unternehmen mehrere Abteilungen mit Abteilungsleitern und deren Stellvertretern hat, die ganz unterschiedliche Aufgaben- und Verantwortungsbereiche abdecken. Was sich auch in sehr differenzierten Löhnen widerspiegelt.

Die zahlenmäßig größte Fraktion des Orchesters bilden *die Streicher*. Sie sitzen im Vordergrund der Bühne im Halbkreis um den Dirigenten herum und bestehen aus fünf Instrumentengruppen. In ihrer jeweils größten Besetzung bestehen sie aus maximal 16 ersten und 14 zweiten Violinen, 12 Violen, auch Bratschen genannt, 10 Celli und 8 Kontrabässen, insgesamt also an die 60 Musikerinnen und Musiker. Jede dieser autarken Streichergruppen hat einen oder mehrere Abteilungsleiter, bei den ersten Geigen nennt man sie Konzertmeister, bei den zweiten Violinen, Violen, Celli und Kontrabässen heißen sie meist Vorspieler oder Stimmführer. Diese Führungskräfte der einzelnen Instrumentengruppen haben wiederum jeweils mehrere Stellvertreter. Die Position des Konzermeisters ist unter den Vorspielern die hierarchisch höchste und wichtigste, aber jede einzelne Führungskraft handelt eigenverantwortlich. Sie entscheidet in den Proben autark, welche technischen Lösungen die ideale Umsetzung für ihre Gruppe garantieren, und sie führt ihr Team in erster Linie optisch, mit fürs Publikum nicht immer erkennbaren Körperbewegungen. Die Führungskräfte aller Streichergruppen sitzen in einem großen Halbkreis einander zugewandt, sodass sie untereinander problemlos Augenkontakt halten können, ohne sich dabei verrenken zu müssen.

Bereits jetzt wird klar, dass nicht alle Fäden der Führung stets beim Dirigenten zusammenlaufen, wie es für viele im Publikum den Anschein hat.

Führungskräfte tragen ein hohes Maß an Verantwortung. Ein Dirigent oder Unternehmer müsste unendlich viele Hände haben, um alle Koordinations- und Führungsprozesse selbst bewältigen zu können. Aber das ist weder nötig noch sinnvoll.

Denn es sind ja gerade diese autarken internen Führungsprozesse, welche Spitzenteams von eher durchschnittlichen Ensembles unterscheiden. Die permanente abteilungsübergreifende Interaktion aller beteiligten Instrumentengruppen, unter der verantwortungsbewussten Führung ihrer Vorspieler ist die entscheidende Basis für ein lebendiges, gemeinsames Musizieren und bildet die Voraussetzung für den gemeinsamen Erfolg.

Auch in den kleinen Bläsergruppen waltet die Hierarchie. Es ist ein großer Unterschied, auch was die Vergütung betrifft, ob man in einem Spitzenorchester die Position der ersten oder der zweiten Oboe innehat. Auch wenn beide stets einträchtig und scheinbar gleichwertig nebeneinander sitzen, so erfüllen sie doch unterschiedliche Aufgaben. Instrumente wie Oboe, Flöte, Klarinette und Fagott gehören zur Gruppe der *Holzbläser*, ihre jeweiligen Führungskräfte besetzen im Orchester künstlerische Top- und Schlüsselpositionen.

Ebenso die *Blechbläser*: erstes Horn, erste Trompete und erste Posaune gehören quasi dem Topmanagement des Orchesters an. Auch hier sind die Positionen doppelt und mit Stellvertretern besetzt.

Die große Verantwortung und die hohe nervliche Belastung der Führungskräfte des Orchesters werden mit bedeutend höheren Gehältern oder Honoraren vergütet. Zusätzlich kommen sie in den Genuss von Diensterleichterungen. Es handelt sich also um durchaus erstrebenswerte Positionen. Aber ungeahnte Hürden pflastern den Weg, bis sich junge, gut ausgebildete Musiker als Führungskräfte in den Toporchestern dieser Welt etabliert haben.

Raum für Selbstverantwortung

Fällt bei der 4. Sinfonie von Bruckner das erste Horn für das abendliche Konzert aus, weil der Hornist nachmittags plötzlich eine Fieberblase auf seiner Lippe bekam, so wird bei Spitzenorchestern im Normalfall nicht das zweite Horn die Aufgabe des ersten übernehmen, sondern es wird entweder der Stellvertreter oder ein erster Hornist von einem anderen Orchester geholt, der mit dieser großen Verantwortung vertraut ist. Denn jeder hat seine ganz persönliche Rolle und Verantwortung im Orchester. Innerhalb von Instrumentengruppen können Positionen nicht einfach beliebig ausgetauscht werden, auch wenn dem Zuhörer oft Flöte gleich Flöte, oder Cello gleich Cello erscheint.

Um Missverständnissen vorzubeugen, möchte ich anmerken, dass obige Geschichte mit der Fieberblase nicht als Beispiel für die Wehleidigkeit einer überempfindlichen Künstlerseele verstanden werden darf: Würde ein Blechbläser versuchen, trotz Herpes ein Konzert durchzuziehen, so könnte das seine Lippen völlig ruinieren und seine Karriere für immer beenden.

Ich möchte Ihnen ein kleines Beispiel für die Selbstverantwortung orchestraler Führungskräfte geben, die in diesem Falle überlebenswichtig war:

In meiner Wiener Studienzeit ergatterte ich per Zufall eine Karte für ein ausverkauftes Konzert eines renommierten Orchesters, das sich auf Tournee befand und von einem Weltstar am Pult geleitet wurde. Als erstes Stück stand »Don Juan« von Richard Strauss auf dem Programm. Dieses leidenschaftliche Jugendwerk des Komponisten beginnt blitzartig, mit wild und stürmisch aufsteigenden 16-tel Noten in mehreren Instrumentengruppen. Der Anfang erfordert einen sehr präzisen Auftaktschlag des Dirigenten, damit alle Musiker sofort das Tempo erfassen und kein Chaos entsteht, das sich erst nach ein paar Sekunden wieder ordnen lässt. Dementsprechend groß ist üblicherweise die Spannung und Konzentration im gesamten Orchester, das den heftig antreibenden Einsatz des Dirigenten erwartet. Aber stattdessen herrschten bei meinem Wiener Erlebnis plötzlich Verunsicherung und Irritation im Orchester. Anstatt eines deutlichen Einsatzes vollführte der Dirigent nur langsame und weich schwebende Bewegungen. Nicht im Ansatz war irgendwo der erwartete markante Schlag zu erkennen, der sofort den massiven Orchestereinsatz eingeleitet hätte.

In Bruchteilen von Sekunden verständigten sich Konzertmeister und Vorspieler mit Blicken. Der seinerseits verblüffte Dirigent dirigierte nebulös und ein wenig hilflos weiter, obwohl dem Orchester offensichtlich keinerlei Töne zu entlocken waren. Die Führungskräfte der Streicher sind ohnehin in stetem Augenkontakt, und jetzt suchten sofort auch alle Bläser den Blickkontakt mit dem Konzertmeister, der nur den Kopf ein klein wenig nach links drehen muss, um die meist erhöht sitzenden Holz- und Blechbläser zu sehen. Jedem Musiker des Orchesters war unvermittelt klar, dass sich der Dirigent wohl in einem ganz anderen Stück befinden musste, ohne die geringste Ahnung, welche Noten auf den Pulten der Musiker lagen.

Dann riss der Konzertmeister mit der linken Hand die Geige hoch, desgleichen synchron mit ihm die Vorspieler. Bei diesem noch musiklosen Auftakt atmeten die Bläser wiederum synchron ein, optisch dirigiert von den jeweiligen Chefs der Bläsergruppen. Und als die Geige des Konzertmeisters ruckartig nach unten in die Ausgangslage fiel, begann das gesamte Orchester mit Don Juan. Ein absolut perfekter Beginn des gesamten, erstklassigen Riesenorchesters!

Sogar der Dirigent begriff jetzt, welches Stück eigentlich auf dem Programm stand und übernahm sofort das Kommando, mit selbstverständlicher, souveräner Geste. Das geschah alles blitzschnell, und nur wenige Musikinsider im Publikum bemerkten das Missverständnis, mit dem das Konzert begann.

Nach dem Konzert wurde die Sache aufgeklärt. Wie üblich hatte das Orchester auf seiner Tournee mehrere Programme im Gepäck. Ein anderes Programm, das tags zuvor gegeben wurde, begann ebenfalls mit einer Tondichtung von Richard Strauss, und zwar mit »Tod und Verklärung«, welche ganz leise und zart schwebend beginnt. In dieses Werk war der Maestro anfangs irrtümlich vertieft.

Aber dank der schnellen, koordinierten Teamarbeit der unterschiedlichsten Führungskräfte wurde ein peinlicher Beginn des Konzerts verhindert. Und abgesehen davon besteht ja auch inhaltlich ein beträchtlicher Unterschied, ob nun »Tod und Verklärung« oder eben »Don Juan« gegeben wird.

Für andere Unternehmen heißt das: Wenn selbstverantwortliches Handeln verschiedener Hierarchieebenen generell ermutigt wird, kann sich die oberste Führungsebene auch im Krisenfall auf engagierten Einsatz verlassen.

Führungskräfte sollten nicht erst dann, wenn sie überfordert sind, hinterfragen, welche Aufgaben sie delegieren können. Denn es ist nicht zu unterschätzen, wie Mitarbeiter aufblühen, ja vor Energie und Tatkraft strotzen, wenn ihnen Vertrauen entgegengebracht und Verantwortung übertragen wird.

Dies stärkt den Zusammenhalt und das Verantwortungsbewusstsein aller Kräfte und fördert somit die Bereitschaft der Mitarbeiter, sich mit dem Unternehmen zu identifizieren. Allerdings müssen Führungskräfte dann unbedingt auch unterschiedliche Vorgehensweisen zulassen. Diese dürfen kein Grund sein, lieber gleich alles selber machen zu wollen.

Führungskräfte sind stilprägend

Es gibt Musikliebhaber, die am Klangbild eines Orchesters auf einer CD sofort erkennen, wann diese Aufnahme produziert wurde. Sie hören bei einer Aufnahme mit den Berliner Philharmonikern oder des Chicago Symphony Orchestra nicht nur den Stil des Dirigenten heraus, sondern sofort auch den des berühmten Oboisten, der den Klang der Holzbläser über viele Jahre entscheidend mitgestaltet hat. Oder sie können die Tschaikowsky-Sinfonie sofort einer gewissen Periode zuordnen, da sie sofort den typischen Klang des Trompeters erkennen, der bei diesem Ensemble in dieser Zeit engagiert war.

Dies beweist, dass den Führungskräften nicht nur Verantwortung zufällt, sondern dass sie Stil und Klang- bzw. Erscheinungsbild des Orchesters oft ganz entscheidend prägen. Nicht anders wie in anderen Unternehmen, wo hoffentlich der individuelle Stil der Führungskräfte ebenfalls erwünscht ist.

Angenommen, es kommt ein junger Solotrompeter ins Orchester, der im Probespiel durch seinen weichen, warmen aber hellen Klang das Ensemble begeisterte. Dann wünscht sich das Orchester, dass er seine Klangvorstellungen innerhalb des Trompetenteams durchsetzt, denn dafür haben sie ihn gewählt.

Letztlich wird er langfristig eine subtile Kettenreaktion im Orchester bewirken und nicht nur das Klangbild der Trompeten entscheidend prägen. Da die Basis des gemeinsamen Musizierens nichts anderes ist, als unentwegt aufeinander zu hören, können auch die anderen Blechbläser nicht einfach so weiter spielen wie bisher, wenn die Solotrompete einen weicheren Ton anschlägt. In der Folge wird der Klang der gesamten Blechbläser weicher und wärmer werden.

Und das hat wiederum bis ins letzte Detail Auswirkungen auf alle anderen Instrumentengruppen des Orchesters.

Ein Beispiel: Bei den »Bildern einer Ausstellung« von Modest Mussorgski, in der orchestralen Bearbeitung von Maurice Ravel, beginnt die Solotrompete allein mit dem Thema, Hörner und Tuba wiederholen es danach choralartig. Würde die Trompete hier einen schneidenden, scharfen Ton anschlagen, so würde das in der Folge den Klang des Blechbläserensembles in diesem Sinne beeinflussen. Spielt die Trompete aber eher warm, weich und lyrisch, so müssen die anderen danach ebenfalls den vorgegebenen Klang weiterführen. Orchestrales Musizieren ist eine permanente Interaktion.

Selbst die Streicher werden vom Trompetenklang beeinflusst, wenn sie wiederum im Takt 9 das Trompetenmotiv übernehmen. Sie müssen weiterentwickeln, was auf einem anderen Instrument mit ganz anderen Eigenschaften geboren wurde.

Wenn sich eine neue Führungskraft nur dem bisherigen Stil anpassen würde, ohne dabei ganz entscheidende persönliche Akzente zu setzen, so wären alle zutiefst von ihr enttäuscht.

Oder betrachten Sie das »Moderato con anima« im Takt 27 des 1. Satzes der 4. Sinfonie von Tschaikowsky. Dieser Satz wird von einem melodisch-rhythmischen Thema und dessen Motiven geprägt, die sich im Verlauf fortwährend in verschiedenen Instrumentengruppen wiederholen und daher abteilungsübergreifend abgestimmt werden müssen.

Wird das Thema von den 1. Violinen und Celli warm, melodisch und lyrisch gespielt, dann beeinflusst dieser Stil natürlich die Holzbläser, die ab Takt 35 dieses Thema übernehmen. Diese können dann nicht plötzlich rhythmisch akzentuierter phrasieren, was ihr Zusammenspiel zwar erleichtern, aber nicht den von den Streichern vorgegebenen Grundcharakter treffen würde.

Selbst die Blechbläser dürfen dann ihre Einwürfe ab Takt 46 nicht mit brutaler Schärfe schmettern, sondern müssen diese in sattem, kraftvollem Klang darbieten, der die gleichzeitige Melodik der Violinen und Violen nicht zerstört. Gerade die Blechbläser müssen hier darauf achten, den Klangstil der Streicher auf ihre Instrumente zu übertragen.

Man kann diese permanente Interaktion zwischen den einzelnen Instrumentengruppen »Sinfonische Kontinuität« nennen.

»Kontinuität im Unternehmen« bedeutet jedoch oft das Gegenteil, nämlich dass die Führungskraft ihren persönlichen Stil allein dem Verhaltenskodex des Unternehmens anzupassen hat. Selbst wenn sie unverkennbar gute Ideen einbringen will, um Kommunikationsprozesse und Arbeitsweisen zu optimieren, kann es passieren, dass sie von oberster Stelle zurückgepfiffen wird.

Kürzlich erzählte mir eine engagierte Führungskraft, dass sie ihren durchdachten Plan aufgeben musste, die E-Mail-Flut in ihrer Abteilung drastisch einzudämmen und immer nur diejenigen auf Kopie zu setzen, die tatsächlich Nutzen aus einer Nachricht ziehen. Voreilige Beschwerden anderer Abteilungen, dadurch von wichtigen Informationen abgekoppelt zu werden, machten dieses Vorhaben zunichte.

Führungskräfte können in Unternehmen nur dann im positiven Sinne stilprägend sein, wenn ihnen Raum für Selbstverantwortung zugestanden wird.

Teamgröße

Ein Sinfonieorchester besteht aus bis zu 130 fest angestellten Spitzenkräften. Bei Komponisten der Wiener Klassik, wie Haydn, Mozart und Beethoven, sind meistens zwischen 35 und 50 Musiker ausreichend.

»Da haben wir eine teure Karte für ein großes, sinfonisches Konzert bezahlt und dann sitzt anfangs bei Haydn nur ein Kammerorchester auf der Bühne. Betrug!«, denken einige Konzertbesucher frustriert.

Teamgröße und Besetzung sollten den Aufgaben und Inhalten angepasst werden, und nicht dem Budget, das zur Verfügung steht.

Apropos Kammerorchester: Hier möchte ich sogleich mit einem Missverständnis aufräumen. Es gibt Konzepte eines Transfers von Orchester- auf Unternehmensstrukturen, die gleichzeitig die Führungsfrage, also die Dirigentenfunktion prinzipiell in Frage stellen, indem sie ein modernes Selbstmanagement von Organisationen propagieren, mit stets wechselnden Zuordnungen für Führungs- und Verantwortungsbereiche.

Diese beziehen sich auf die Strukturen eines Kammerorchesters, das nur aus ein bis zwei Dutzend Musikern besteht. Selbstverständlich können solche eingespielten, kleinen Ensembles auch ohne Dirigenten auskommen. Es macht sogar Sinn, denn in diesen überschaubaren Zusammenhängen herrschen völlig andere Bedingungen als in großen sinfonischen Orchesterapparaten.

Für große Sinfonie- und Opernorchester stellt sich die Dirigentenfrage nicht. Allein schon aufgrund der vielen Instrumentengruppen und der enormen räumlichen Distanzen zwischen allen Beteiligten ist ein Dirigent unabdingbar.

Aus diesem Grunde kann nur ein Sinfonieorchester einen fairen und realistischen Vergleich mit Unternehmenswelten nahelegen. Wenn man bedenkt, dass in einem Sinfonieorchester allein die Anzahl der Violinen bereits Kammerorchestergröße hat, wird mein Hinweis verständlich.

Große romantische oder zeitgenössische Werke benötigen manchmal an die hundert Instrumentalisten. Jeder zeitgenössische Komponist hat seine ganz persönliche Klangsprache, die unterschiedliche Besetzungen mit oft speziellen und neuartigen Instrumenten, bis hin zu synthetischen Computerklängen erfordert.

Der Zeitgeschmack spielt bei der Orchesterbesetzung eine große Rolle. Mitte des 20. Jahrhunderts beschäftigte man selbst für Sinfonien der frühen Klassik große Orchester. Je größer, desto besser, war die Devise. Mozarts Musik war manchmal kaum wiederzuerkennen. Anstatt eines frischen, lebendigen und transparenten Mozartklangs, dröhnte es pompös, satt und dick. Man badete selbstgefällig in sinfonischer Wucht und Wirtschaftswunderklanggröße, manchmal auch fürchterlich kitschig und sentimental. Man war noch geprägt von der falsch verstandenen romantischen Tradition. In den letzten Jahrzehnten wurde wieder abgespeckt, man kehrte bei Werken des Barock und der Klassik wieder zu mehr oder weniger originalen, und damit kleineren Besetzungen zurück.

Am Anfang jeglicher unternehmerischen Aktivität steht eine Idee, eine Vision. Und manchmal scheitert die Umsetzung dieser, nach anfänglicher Begeisterung, genau an der Schwelle, wo ein größeres Team mit ins Boot geholt und Verantwortung abgegeben und verteilt werden muss.

Entscheidend ist die Erkenntnis, dass sich bei größeren Gruppen auch die technischen Parameter in Bezug auf die Umsetzung eines Projekts verändern, und zwar manchmal auf eine Weise, wie sie für den Einzelnen ursprünglich keine Rolle spielten.

Ich habe aus meiner Zeit in der Wirtschaft Meetings in Erinnerung, die letztlich nur deshalb ergebnislos endeten, weil das Projektteam viel zu groß war oder zu viele Teilnehmer eingeladen wurden, aus Sorge, jemand könnte sich benachteiligt fühlen, weil er nicht miteinbezogen wurde. Manchmal sind einfach die falschen Leute für die richtigen Fragen anwesend. Die Diskussionen verlieren den Fokus und fransen an allen Ecken und Enden aus.

Alternative Strömungen

Inzwischen ist bei der Interpretation von Musik wieder mehr Werktreue angesagt. Das verdanken wir insbesondere Dirigenten wie Nikolaus Harnoncourt und Sir John Eliot Gardiner und deren Ensembles, die sich der originalgetreuen Wiedergabe alter Musik verschrieben haben. Mit Akribie erforschten sie die Spieltechniken vergangener Musikepochen, was auch den Nachbau alter Instrumente bewirkte, welche heutigen Künstlern endlich wieder eine Idee von den ursprünglichen Klangvorstellungen der Komponisten vermitteln.

So wie die grüne Bewegung in den 70er Jahren die Ziele und Werte der Gesellschaft neu definierte, so veränderte diese neue Musikbewegung die Hörgewohnheiten nachhaltig. Barock und Klassik wurden vom romantischen Klangbrei entschlackt, die originalgetreue Wiedergabe war ihr Anspruch.

Nach meiner Einschätzung ist das Entstehen dieser alternativen Musikhaltung keinesfalls von den durch die 68er-Bewegung angeschobenen gesellschaftlichen Strömungen zu trennen. Bitte kein industriell gefertigter Stahl für die Saiten von Streichinstrumenten! Nein, Saiten aus Naturdarm, wie zu Mozarts Zeiten, müssen es sein.

Zurück zur Natur und damit zum »originalen« Klang, zur »wahren« Musik. Weg mit den falschen bürgerlichen Sentimentalitäten, war die Devise.

Für diese neuen alternativen Künstler war Herbert von Karajan das Sinnbild einer bürgerlichen Musikwelt, gegen die es mit allen Mitteln anzuspielen galt.

Dass sie dabei anfangs selbst allzu dogmatisch vorging, ihre Musik oft bis ins letzte Detail durchorganisierte, bis sie fast leblos und künstlich klang, muss man einer neuen Bewegung, die den althergebrachten Musikgeschmack verändern will und sich mit Überzeugung dem System entgegenstemmt, wohl zugestehen.

Für Streichinstrumente gab es in früheren Zeiten tatsächlich nur Natursaiten, die aus dem Darm von Tieren hergestellt wurden. Nachdem diese jedoch sehr oft rissen, bürgerten sich im Laufe der Zeit einfache Stahlsaiten beziehungsweise Saiten mit Kunststoffkern und Aluminiumumwicklung ein, die eine längere Haltbarkeit garantierten. Es ist ja nicht gerade angenehm, wenn die Saite mitten im Konzert den Geist aufgibt. Aber der warme, eher intime Klang der früheren Darmsaiten, den Mozart schließlich im Ohr hatte, als er seine Violinkonzerte komponierte, ist klanglich mit den jetzt gebräuchlichen überhaupt nicht vergleichbar.

Andererseits haben sich nicht nur die Instrumente verändert: In den heutigen, großen Konzertsälen für zwei- bis dreitausend Personen würde man einen Geigensolisten, der sein Violinkonzert auf Darmsaiten spielt, zwar sehen, aber kaum hören können, vor allem, wenn das ihn begleitende Orchester die Errungenschaften der modernen Instrumententechnik nutzt.

Auch für die Pauken verwendete man früher ausschließlich Tierfelle, die sich beim kleinsten Luftzug oder bei minimalsten Temperaturschwankungen verstimmten. Aber dieser Tierfellklang würde sich kaum für die spätere, romantische Sinfonik oder für Werke des 20. Jahrhunderts, beispielsweise von Prokofjew oder Strawinsky, eignen. Denn eine gewisse harte akustische Durchschlagskraft lassen diese Pauken vermissen. Daher haben sich inzwischen Kunststofffelle durchgesetzt.

Für Sinfonien von Mozart und Beethoven greift man zunehmend wieder auf originale Paukenmodelle zurück, um dem ursprünglichen Beethoven-Sound seine Referenz zu erweisen, wenn auch die Tierfelle inzwischen chemisch stabilisierend behandelt werden.

Auch Hörner und Trompeten haben eine große Wandlung durchlaufen. Früher klangen sie viel weicher und runder, problemlos fügten sie sich in den von Naturdarmsaiten geprägten Streicherklang ein. Nachdem aber genug alte Instrumente erhalten sind, ist es kein Problem, diese nachzubauen, um zu hören, welcher Hornklang eigentlich Mozart damals zur Verwendung dieses Instruments in seinen Kompositionen inspirierte.

Inzwischen sind diese Ensembles für Alte Musik ein allgemein akzeptierter Bestandteil des internationalen Musikbetriebs.

In den letzten Jahren haben sich die ideologischen Differenzen zwischen Traditionalisten und Erneuerern abgeschliffen. Die Gräben sind zugeschüttet, keiner rümpft mehr die Nase über die anderen.

Diese Orchester für Alte Musik haben die traditionellen Hörgewohnheiten enorm beeinflusst und verändert. Inzwischen sind sie gern gesehene Gäste bei allen etablierten Musikfestspielen, die sie in ihren Anfängen eher gemieden haben, da diese künstlerischen Großveranstaltungen für sie nichts anderes repräsentierten, als die bürgerlich-miefige Musikkultur.

Sie sehen, Orchester sind ganz normale Unternehmen, die gesellschaftlichen Veränderungen ausgesetzt sind und bei denen manchmal sogar das künstlerische Ideal durch tariflich gesetzte Grenzen unter die Räder kommt. Diese Tatsache mag bei Ihnen vielleicht einige Illusionen zerstören, aber in der Folge wird sie den Transfer von Orchester- auf Unternehmensstrukturen erleichtern.

Unternehmerinteressen und Arbeitnehmerrechte

In deutschen Orchestern ist man aus Tradition nach den ersten durchaus hohen Einstiegshürden kaum mehr kündbar, auch wenn man nach vielen Jahren eigentlich nicht mehr dem Niveau des Orchesters entspricht. Als würden Musiker einmal erarbeitete hohe technische Fertigkeiten quasi einfrieren und dann ihr Leben lang abrufen können. Wenn man jedoch einmal beginnt, sich bequem zurückzulehnen, dann geht es mit den Fähigkeiten schnurstracks bergab.

Die amerikanischen Musikerinnen und Musiker müssen ihre Befähigung immer wieder neu unter Beweis stellen, um weiterhin dem Orchester angehören zu dürfen. Keine Chance, jahrelang von ursprünglichen Qualitäten zu zehren, die inzwischen vielleicht kaum mehr vorhanden sind. Es mag in den USA vielleicht ein wenig extrem sein. Aber nach einigen Jahren Orchestertätigkeit sollte auch bei uns eine Überprüfung der individuellen Fähigkeiten der Musiker erlaubt sein und von der Deutschen Orchestergewerkschaft nicht verhindert werden.

Manchmal zählen Privilegien, die aus bereits lange zurückliegenden Leistungen abgeleitet wurden, mehr als die aktuellen Qualifikationen junger, engagierter Spitzenkräfte, die daher trotz ihrer Fähigkeiten nicht zum Zug und in die Verantwortung kommen. Der Innovations- und Substanzverlust für diese Unternehmen ist enorm.

Der Einfluss der Gewerkschaften ist auch in der Orchesterwelt nicht zu unterschätzen. Manchmal kommt es vor, dass Orchestermusiker zwar bei den Proben mitmachen, aber im entscheidenden Konzert plötzlich andere an ihrer Stelle spielen, also Musiker, die an den vorangegangenen Probenprozessen überhaupt nicht beteiligt waren. Was ist geschehen? Nun, manchmal haben Musiker nach mehreren Proben bereits ihre tariflichen monatlichen Dienstpflichten erfüllt, und daher werden sie im Konzert still und leise von Kollegen ersetzt, die noch arbeitsrechtlichen Spielraum haben. Und da mancher Dirigent mit geschlossenen Augen dirigiert, hofft das Orchester anscheinend, dass die mehr oder wenigen subtilen personellen Veränderungen von diesem nicht bemerkt werden. Aber das klappt nur selten und wenn nicht, gibt es Krach.

Manche Dirigenten drohen, unter diesen Umständen die geplanten Konzerte unverzüglich abzusagen, falls nicht wieder diejenigen Musikerinnen und Musiker auf ihren Plätzen sitzen, mit denen sie zuvor geprobt haben. Das kann in einigen Fällen das Orchester vor unlösbare Probleme stellen, denn das ausgehandelte Tarifrecht kommt auch in der Kunst manchmal vor Qualität!

Was den Einfluss der Gewerkschaften betrifft, ist die Standortdiskussion in Deutschland bei Ländervergleichen bisweilen allerdings von Halbwahrheiten und Übertreibungen geprägt. Selten wird die Situation in anderen Ländern richtig beschrieben. Einzelne Faktoren, die Deutschland schlecht aussehen lassen, werden herausgepickt.

Lassen Sie mich einige Beispiele aus den USA schildern, die mich persönlich zweifeln lassen, ob Deutschland tatsächlich das Land der schlimmsten bürokratischen Restriktionen und Hürden ist. Nachdem die USA unter wirtschaftlichen Gesichtspunkten oft als das Land der unbegrenzten Möglichkeiten und der freien individuellen Entfaltung dargestellt wird – vom Tellerwäscher zum Millionär –, erlaube ich mir hiermit, eine andere, viel weniger bekannte Seite zu zeigen.

Als Musikproduzent habe ich viele CDs mit amerikanischen Toporchestern produziert. Vor Beginn einer Produktion, beispielsweise mit dem Chicago Symphony Orchestra, synchronisieren mehrere anwesende Gewerkschaftsangestellte die Sekundenzeiger ihrer Stoppuhren, denn von nun an geht es tatsächlich um Sekunden! Die Vertreter der »Unions« sind während einer Aufnahme, ja sogar während aller Proben und aller Konzerte, omnipräsent. Ein Gewerkschaftsvertreter findet sich hinter der Bühne ein, ganz nahe beim Orchester, um sofort eingreifen zu können, ein anderer sitzt im Studio beim Produktionsteam. Dort erinnert er unentwegt und ungefragt den Produzenten höflich aber unerbittlich daran, die gesetzlich vorgeschriebene Pausenverordnung und das Ende der Aufnahmesitzung strengstens einzuhalten, und das heißt sekundengenau.

Einem amerikanischen Orchester stehen bei einer Aufnahmesitzung von drei Stunden zwanzig Minuten Pause pro Stunde zu. Das ist internationaler Rekord und ein Vielfaches der Pausenzeit, die europäische Orchester verlangen. Aber der entscheidende Punkt ist: In den USA kontrollieren die Gewerkschaftsvertreter nicht nur den organisatorischen Ablauf, was ja verständlich wäre, sondern sie haben entscheidenden Einfluss auf künstlerische Produktionsprozesse, auch wenn sich diese ihrer Beurteilung vollkommen entziehen.

Unabhängig davon, ob Dirigent, Solist und Orchester gerade richtig in Schwung gekommen sind – die Pause findet ausnahmslos dann statt, wenn die Sekundenzeiger der Gewerkschaftsuhren die Pause anzeigen, und keinen Wimpernschlag später.

Manchmal jubelte ich im Studio vor Begeisterung, wenn sich nach intensiver Arbeit die Musiker wie im Rausch zu künstlerischen Höhen emporschwangen. Ich war begeistert, diesen Glücksmoment gleich »im Kasten« zu haben, also auf

CD dokumentieren zu können. Aber plötzlich, nach einem kleinen Wink des Gewerkschaftsmannes, hörten alle mittendrin zu spielen auf und gingen ungerührt in die Pause. Die ganze großartige musikalische Entwicklung des sinfonischen Geschehens endete abrupt – im Nichts.

Ich sah dieses jähe Ende zwar auf mich zukommen, nur wollte ich es nicht wahrhaben. Denn während meiner Begeisterung über das soeben entstehende Qualitätsprodukt begab sich der Gewerkschaftsmann im Studio leise hinter meinen Stuhl. Dann begann er, völlig cool, die letzten 30 Sekunden bis zur Pause herunterzuzählen, wie beim Countdown für Apollo 13, während das Orchester gerade leidenschaftlich Tschaikowsky musizierte.

Keiner der beteiligten Künstler, auch nicht der weltberühmteste Dirigent oder Sängerstar, hätte das Recht, daran etwas zu ändern. Ausschließlich die Unions haben das Wort und damit die Macht über künstlerische Prozesse und Inhalte. Das hat zumindest den aberwitzigen Vorteil, dass die Gewerkschaftsperson nicht nur den Anfang, sondern auch das Ende der Pause einläutet, und auf die Sekunde genau sitzen Musikerinnen und Musiker wieder auf ihren Plätzen. Ja sie müssen sogar bereits ihre Instrumente gestimmt haben, wenn die 20 Pausenminuten abgelaufen sind. All das klappt in den USA ganz selbstverständlich und wie am Schnürchen.

Wenn man bedenkt, dass europäische Spitzenorchester die Pause locker bis zu fünf oder manchmal auch mehr Minuten überziehen, durchaus beeindruckend. Dafür aber spielen deutsche, österreichische oder englische Spitzenorchester am Ende einer Aufnahmesitzung manchmal auch einige Minuten länger, ohne aufzumucken. Insbesondere wenn sich das Orchester mit seinem Dirigenten mitten im künstlerischen Schaffensrausch befindet. Obwohl deutsche Orchester ebenfalls eine Gewerkschaft haben, die »Deutsche Orchestervereinigung«, entscheidet in erster Linie das Gespür der Beteiligten, wann eine Pause energetisch und organisch sinnvoll in den künstlerischen Ablauf passt: Nach emotional und technisch anstrengenden »Takes« kommt eine Pause früher, wenn aufgrund von irgendwelchen Umständen das Orchester noch nicht viel zu spielen hatte, eben ein wenig später.

Niemand würde hierzulande die Penetranz beziehungsweise Ignoranz besitzen, einen produktiven Höhenflug mitten in der Entstehung einfach abrupt abzubrechen.

Falls es mal einige Minuten Überzeit gibt, so wird die Produktionsfirma zwar auch hierzulande zur Kasse gebeten, aber nachträglich. In diesem Falle sind beide Seiten glücklich: das Toporchester bot einen unwiederholbaren musikalischen Glücksmoment und wird für die Minuten Extrazeit selbstverständlich entlohnt. Die Produktionsfirma wiederum hat diese Sternstunde auf Band und freut sich, diese Topqualität dem Kunden anbieten zu können.

Einmal passierte es, dass mein Toningenieur bei einer Aufnahme mit dem Boston Symphony Orchestra die Bänder erst drei Sekunden nach Ablauf der gesetzlichen Aufnahmezeit ausschaltete. Drei Sekunden, nicht der Rede wert, dachte ich. Aber die Gewerkschaft wollte, dass wir mehrere tausend Dollar für die »Overtime« des Orchesters bezahlen, weil mit diesen drei Sekunden ja die nächste Zeiteinheit einer halben Stunde bereits angefangen hatte. Dieser zusätzliche Dollarbetrag hätte jedoch das ganze Aufnahmebudget völlig aus dem Ruder laufen lassen und am Ende sogar die gesamte Produktion ins Minus gestürzt. Ich konnte dieses herbe Schicksal erst abwenden, als ich nach dreistündiger Verhandlung unterschrieb, dass ich von den drei Sekunden Musik nichts für die CD verwenden würde und mein Tonmeister vor dem gesamten anwesenden Krisenstab der Gewerkschaft die betreffenden Takte unwiederbringlich von den Bändern löschte.

Die Musiker selbst haben in solchen Fällen keine Stimme und keinen Einfluss. Denn sie hätten natürlich kein Problem mit den drei Sekunden gehabt. Aber nicht einmal ein bekannter Dirigent kann diese Vorgänge beeinflussen, wie mein nächstes Beispiel zeigt.

Der renommierte Komponist und Dirigent Pierre Boulez, mit dem ich viele CDs produziert habe, erzählte mir eine Anekdote aus seiner Zeit als Chefdirigent des New York Philharmonic Orchestra:

In einer Probe schlug er beim Dirigieren mit seiner Hand gegen einen Mikrofonständer, daraufhin verrückte er das Mikrofon schnell um wenige Zentimeter, um sich beim Dirigieren freier bewegen zu können. Die Gewerkschaft brach sofort die Probe ab, denn Maestro Boulez wäre nicht befugt gewesen, Arbeiten auszuführen, die das Mikrofon betreffen. Dafür stünden vorsorglich gewerkschaftlich organisierte Bühnenarbeiter bereit. Die Gewerkschaft verlangte vom Maestro, das Mikrofon unverzüglich wieder an seinen ursprünglichen Platz zurückzuschieben. Danach wurde ein Arbeiter gerufen, um es wiederum in die vom Maestro gewünschte Position zu verrücken. Diese ganze Prozedur unterbrach den Probenablauf um viele Minuten. Land der unbegrenzten Möglichkeiten.

Wie nirgendwo sonst in der Welt wachen in den USA die Unions über Arbeitsabläufe, aber keinesfalls nur in der Musikwelt, sondern zum Beispiel auch beim Exportschlager Nr. 1, dem Film. Das ist übrigens der Grund, warum immer mehr Hollywood-Filme im Ausland gedreht werden. Die Filmfirmen weichen in Nachbarländer wie Kanada aus, in denen Produktionsteams mit offenen Armen empfangen werden. Seit dem Oscar-prämierten Megaerfolg »Der Herr der

Ringe« wird auch Neuseeland zunehmend zum beliebten Drehort.

Die Macht der Gewerkschaften fungiert somit als erstklassiges Instrument zur Arbeitsvernichtung. Und das in einem für die USA existenziell wichtigen Wirtschaftszweig.

Was nützt einem amerikanischen Kamerateam die von der Gewerkschaft bis ins letzte Detail ausgetüftelte Pausenverordnung, wenn am Ende seine kanadische Konkurrenz zum Einsatz kommt?

Diese Beispiele zeigen, dass die von Gewerkschaftsseite vordergründig gewahrten Arbeitnehmerinteressen manchmal auf eine dramatische Weise kontraproduktiv sind. Eine Warnung auch für uns?

Bei unserer hiesigen Diskussion des Problems der Abwanderung vieler Firmen ins Ausland stehen in erster Linie die hohen Lohnnebenkosten, die die Politik zu verantworten hat, im Vordergrund. Vielleicht sollte man bei diesem Problem mehr Augenmerk auf die Gewerkschaften lenken, die in Starrheit verharren. Die sinnvolle und zunehmende Tendenz, vor allem im Mittelstand, individuelle, auf das Unternehmen zugeschnittene Haustarifverträge auszuhandeln, und die Austrittswelle, die die Gewerkschaften heimsucht, sollte für diese ein deutliches Signal sein, sich künftig für die Interessen ihrer Mitglieder mit mehr Weitblick einzusetzen. Es wäre doch ein falsches Verständnis gewerkschaftlicher Verantwortung, am Ende der Fahnenstange nur noch Arbeitnehmer einiger weniger Großkonzerne vertreten zu dürfen.

Recruiting

»Sie müssen unverwechselbar sein!«, ruft der Professor an der Musikhochschule seinen Studenten zu. Während der ganzen Ausbildungszeit geht es hauptsächlich darum, dass die talentierten Instrumentalisten neben der Entwicklung ihrer technischen Fertigkeiten, ihren persönlichen Stil und ihre eigene Klangsprache finden. Individualität zählt. Denn nur künstlerische Authentizität bietet letztlich die Chance, dass die jungen Musiker später den Weg in ein gutes Sinfonieorchester schaffen.

Es ist ein sinnvoller pädagogischer Ansatz, dass von jungen Menschen während ihrer Ausbildung verlangt wird, sich schrittweise von ihren Vorbildern zu lösen.

Ungefähr zwischen ihrem 8. und 18. Lebensjahr üben die angehenden Musiker täglich zwischen zwei und sechs Stunden. In dieser Phase gönnen sie sich selten einen richtig langen Urlaub vom Instrument, denn dabei erfahren sie schmerzlich, dass sie für jede längere Auszeit einen hohen Preis bezahlen müssen. Nach zwei Wochen Italienurlaub ohne Violine benötigt mancher junge Geiger viele mühsame Übungstage, um wenigstens wieder auf Vorurlaubsniveau aufzuschließen. Daher reisen die meisten stets mit ihrem Instrument, um sich wenigstens mit ein paar täglichen Fingerübungen halbwegs fit zu halten.
Die renommierten sinfonischen Orchester rekrutieren die besten Kräfte in einem sehr strengen Auswahlverfahren, das sofort die Spreu vom Weizen trennt.

Zu einem Probespiel werden in Deutschland bis zu dreißig Musikerinnen und Musiker, vorwiegend aus Europa, eingeladen. Und nachdem an den guten Musikhochschulen der

Metropolen ohnehin Musikstudenten aus aller Welt studieren, findet sich meist ein buntes Gemisch von unterschiedlichen Nationalitäten ein.

Wie Sie als Konzertbesucher unschwer erkennen können, kommen die Spitzenkräfte an den Streichinstrumenten zunehmend aus Asien, speziell aus Japan, China und Korea. Hingegen spielen bei den Blechbläsern verblüffend viele Amerikaner, was naturgemäß weniger ins Auge fällt. Die Blechbläserausbildung ist in den USA erstklassig, aber inzwischen hat der alte Kontinent wieder nachgezogen.

Beim Probespiel werden in mehreren Durchgängen, in denen Werke verschiedener Komponisten mit unterschiedlichem Schwierigkeitsgrad vorgeschrieben sind, aus bis zu dreißig Probanden einige wenige herausgefiltert, die sich dann im letzten entscheidenden Durchgang beweisen müssen. Inzwischen ist es bei vielen Orchestern Brauch, dass die verbliebenen Musiker bei der Endausscheidung hinter einem Vorhang spielen, damit gewisse, mehr oder weniger bewusste optische Vorlieben der Orchestermusiker bei der Beurteilung ausgeschlossen werden können.

Leider passiert es oft, dass nach dieser stundenlangen Prozedur keiner der Probanden den Qualitätsstandards des Orchesters entspricht. In diesem Fall muss ein neuerliches Probespiel angesetzt werden und das ganze Verfahren beginnt von vorn.

Bringt eine Musikerin oder ein Musiker die Mehrheit des Orchesters hinter sich, so haben sie zwar den Wettbewerb gewonnen. Aber diese Glücklichen sind damit noch lange nicht Mitglied des Orchesters, denn es folgt das Probejahr. Und erst wenn sie am Ende dieses Jahres, in dem sie auf Herz und Nieren geprüft worden sind, bei der abschließenden Abstimmung wiederum die Mehrheit des Orchesters bekommen, haben sie es geschafft:

Von nun an sind sie ein vollwertiges Mitglied des Orchesters.

Nach ihrer extrem individualistisch geprägten Ausbildung werden junge Spitzenkräfte in eine Unternehmensstruktur eingebunden, auf die sie während ihres Studiums nicht vorbereitet wurden. Man hat sie ausschließlich zu Solisten ausgebildet, nicht zu orchestral versierten Teamspielern.

Jahrelang werden die großen Solokonzerte der Musikliteratur einstudiert, und wenn die jungen Spitzenkräfte dann eine Einladung zu einem Probespiel erhalten, bei dem auch die schwierigen Stellen der Orchesterliteratur genau abgefragt werden, dann kennen sie bisweilen nicht einmal die Orchesterwerke selbst.

Diese Problematik ist auch in der Wirtschaft wohlbekannt. Auch hier sind Studieninhalte oft völlig praxisfern. Man sollte sich jedoch nicht mit dem Argument trösten, das auch im Orchester stets herhalten muss: Zuerst zählt die spezialisierte, fachliche Ausbildung. Den Rest erlernen sie dann schon im Job vor Ort. Ich glaube, diese Haltung ist ein fataler Trugschluss.

Nicht selten erleben junge Spitzenkräfte selbst gut organisierte Unternehmen als Hindernis für das Einbringen und Ausleben ihrer Fähigkeiten. Manche Orchester verlieren ihre frustrierten Topleute bereits im Probejahr, denn diese wurden ja nicht darauf vorbereitet, dass Arbeitsabläufe in Teams eine gänzlich andere Dynamik entfalten als ihre bisherige, fachlich rein solistisch ausgerichtete Arbeit.

Viele hochtalentierte Berufseinsteiger erleben am Anfang ihrer Karriere einen Kulturschock, wenn plötzlich neben ihren fachlichen Qualitäten, für die sie engagiert wurden, soziale Anforderungen eine Rolle spielen, für die sie überhaupt kein Repertoire besitzen.

Viele Orchester haben inzwischen Akademien gegründet, um das Missverhältnis von Ausbildung und Berufsanforderungen bei jungen Studenten abzufedern. Diesen wird damit die Chance geboten, bereits während ihres Studiums Orchestererfahrung zu sammeln. Ein überaus sinnvolles Instrument, um die jungen Spitzenkräfte behutsam an die Realität heranzuführen.

Gruppenzugehörigkeit und Milieus

In Unternehmen ist es selbstverständlich, dass sich beispielsweise die Kolleginnen und Kollegen aus der Kreativabteilung von den Controllern sowohl im Auftreten als auch im Charakter bisweilen beträchtlich unterscheiden. Man pflegt die Zugehörigkeit zu einer Abteilung, um die eigenen Werte zu definieren und sich von den anderen abzugrenzen.

Es ist mir unverständlich, dass alle Künstler gemeinhin in einen Topf geworfen werden. Denn auch hier sind nicht nur die Aufgaben verschieden, sondern auch die Menschen, die sie erfüllen.

Es macht einen großen Unterschied, welcher Abteilung man angehört: Ob man Streicher, Bläser oder Schlagwerker ist. Ob man eher ein zartes Holzblasinstrument spielt, oder als Trompeter, Hornist, Posaunist, Tubist die Macht hat, alle anderen nieder zu blasen, wenn man gerade Lust und Laune verspürt. Es ist einfach nicht dasselbe, ob man, im wahrsten

Sinne des Wortes, die erste Violine spielt, oder ob man beispielsweise der Gruppe der Bratschen (Violen) angehört.

Diese ein wenig größeren und tiefer klingenden Streichinstrumente und deren Spieler haben im Orchester ohnehin einen schweren Stand, ähnlich wie die Ostfriesen in Deutschland oder die Burgenländer in Österreich. Fast täglich kursieren die neuesten Bratschenwitze im Orchester. Inzwischen gibt es sogar ganze Witzbuchsammlungen über die Spezies der Bratscher. Den fruchtbaren Boden dafür bereitet das böse Gerücht, dass diejenigen Musiker, die an der Violine scheitern, sich am Ende ihrer Träume und Ambitionen üblicherweise für die angeblich einfachere Viola entscheiden, um ihr mangelndes Talent hinter diesem behäbigeren Instrument zu verbergen. Die Bratschengruppe fungiert in diesem Sinne quasi als Auffangbecken für die Gescheiterten der Geigerzunft.

Daher möchte ich sogleich, zur Ehrenrettung der Bratscher, auf die Takte 51 und 155 im zweiten Satz der 4. Sinfonie von Anton Bruckner hinweisen. Hier entwickeln die Violen ein fast metaphysisch meditierendes Thema, das die tatsächliche Rolle dieses dunklen und ein wenig introvertiert klingenden Instruments demonstriert. Wenn Sie solche musikalischen Momente hören, werden Sie sofort verstehen, dass, trotz aller bösen Witze, die Violen gleichzeitig auch die »Philosophen des Orchesters« genannt werden.

An der betreffenden Stelle werden die Bratschen nur von den anderen Streichergruppen begleitet, die ihnen hier in Demut untertan sind und nur ganz leise, ohne Verwendung des Bogens, die Saiten ihrer Instrumente zupfen dürfen. Die Bläser haben ganz zu schweigen. Bis auf das erste Horn, das sich später einen kurzen, vorsichtigen Kommentar zu den würdevollen Violen erlauben darf.

Außerdem möchte ich noch Takt 297 im ersten Satz anführen, wo die Bratschen mit den Klarinetten und Fagotten auf so wundervolle und unverwechselbare Weise den erhabenen, kraftvollen Blechbläsersatz einführen. Und in der Folge begleiten und unterstützen sie den voll tönenden Bläserhöhepunkt durch ruhige, kontinuierliche Auf- und Abwärtsbewegung. Erst dadurch erfährt der eher statische Blechbläsersatz eine schmerzliche individuelle Note und Färbung, die in dieser Musik den Widerspruch zwischen einer übergeordneten Wahrheit und dem menschlichen Streben nach dieser Vollendung widerspiegelt.

Die Musiker der verschiedenen Instrumente kommen meist aus unterschiedlichen sozialen Milieus, was die Gruppenzugehörigkeit im Orchester noch verstärkt.

Die einzelnen Instrumentengruppen im Orchester haben ein ausgeprägtes individuelles Selbstverständnis, welches sie gegenüber den anderen Gruppen klar abgrenzt.

Für manche Schlagwerker waren die Größen aus dem Pop, Funk, Rock oder Jazz die entscheidenden Vorbilder ihrer Jugend, die ursprünglich die Begeisterung und Faszination für ihr Instrument auslösten. Daher ist es nicht selten, dass mancher Spieler unmittelbar nach einem düster-dramatischen Requiem schnell seinen Frack abstreift, um sich gleich danach in einem Jazz-Club bei coolen Rhythmen auszutoben.

Blechbläser kommen meistens aus einem ländlichen Umfeld, wo es noch eine zünftige Blasmusikkapelle gibt, bei der sie bereits in jungen Jahren Trompete oder Horn spielen dürfen. Wenn dann der Trompetenlehrer nach und nach bemerkt, dass er seinem 11-jährigen Sprössling nichts mehr beibringen kann, bespricht er sich mit den Eltern, und nach deren

Einverständnis schicken sie den Jungen auf eine Musikhochschule in die große Stadt, um sein immenses Talent mit der richtigen Ausbildung zu fördern. Wenn der heranwachsende Student dann zu den Feiertagen nach Hause kommt, ist er der Stolz des Ortes, schließlich hat er bereits einmal bei den Wiener Philharmonikern aushelfen dürfen. Dennoch bittet man ihn, die dörfliche Blasmusik zu verstärken.

Wenn Sie sich einige Scherzos und Trios von Beethoven- oder Bruckner-Sinfonien anhören, es sind dies meist die dritten Sätze, so wird Ihnen sofort klar, dass die Komponisten Trompeten und Hörner oft zur Unterstützung ländlicher und volkstümlicher Themen gebrauchten, wenn auch in stilisierter Form.

Streicher stammen manchmal zwar ebenfalls aus ländlichem Milieu, aber in der Regel ist es die gehobene bürgerliche Schicht, die ihre Kinder Violine oder Cello lernen lässt. Und das entspricht letztlich den ökonomischen Realitäten, wenn man bedenkt, dass eine halbwegs vernünftig klingende Violine, die für eine gute und längerfristige Ausbildung an einer Hochschule unabdingbar ist, 15.000 Euro aufwärts kostet. Falls junge Talente, deren Eltern sich keine gute Geige leisten können, für ihre ersten Auftritte keine Förderer oder Instrumentensammler finden, die ihnen ein Instrument zur Verfügung stellen, dann haben sie am Markt weniger Chancen.

Übrigens: Es gibt einen eigennützigen Grund, warum Sammler ihre wertvollen Geigen, Violen und Celli manchmal aus dem klimatisierten und gesicherten Glasschrank herausholen und für einige Zeit talentierten Musikern überlassen: Wenn alte Streichinstrumente über einen längeren Zeitraum überhaupt nicht gespielt werden, verlieren sie ihren schönen Klang und damit gleichzeitig an Wert. Der betörende Ton lässt sich jedoch erneut erwecken, wenn das Instrument wieder viel und erstklassig bespielt wird.

Mancher Sammler einer mehrere Millionen teuren Stradivari erlebte sein böses Erwachen, als er sein Instrument nach Jahrzehnten ängstlich einem berühmten Geiger in die Hand legte, um sich andächtig dem Zauber seiner teuren Investition hinzugeben: Die kostspielige Violine klang fürchterlich, es entsprangen ihr eher schrill schabende, fauchende Geräusche als wundersame Zauberklänge. Wie bei einer billigen Industriegeige für 500 Euro. Nach so einem Schock verleiht der Sammler sein wertvolles Instrument gerne an gute Virtuosen und führt es so gerechterweise auch wieder seiner ursprünglichen Bestimmung zu.

Die meisten Holzbläser sind ausgeprägte Individualisten. Oboisten, Klarinettisten, Fagottisten spielen im Orchester eine solistische und hervorgehobene Rolle. Einerseits sind sie die meiste Zeit über eingebunden in den orchestralen Klangfluss, manchmal aber treten sie mit einem großen, wichtigen Solo hervor, prägen dominant das Geschehen, bis sie wieder als orchestrale Klangfarbe ins Kollektiv abtauchen. Holzbläser haben aufgrund dieser Verantwortung nicht selten einen Hang zur Exzentrik, gleichzeitig sind sie äußerst sensible Naturen.

Blechbläser sind hingegen meist robustere Charaktere mit dementsprechendem Humor. Und den benötigen sie auch dringend: denn in einem Toporchester erstes Horn oder erste Trompete zu spielen, ist wohl einer der härtesten Nervenjobs, den es gibt. Selbst die größten Meister ihres Fachs können nie ganz sicher sein, dass ihre Töne im entscheidenden Moment wirklich so sauber erklingen, wie sie es wollen. Das Gelingen hängt von sehr vielen Faktoren ab. Außerdem sind bei ihnen selbst die kleinsten Fehler allgemein hörbar. Manche nehmen daher nach einigen Jahren in diesem Stressjob dankbar das Angebot einer Professur an einer Musikhochschule an.

Und so bleiben auch beim Umtrunk nach dem Konzert Blechbläser, Holzbläser, Schlagwerker und Streicher meist unter sich. Einige Grenzgänger bestätigen die Regel.

Nicht anders als in Unternehmen, wo sich die Weihnachtsfeiern der Marketing- oder Vertriebsabteilungen beträchtlich von denen der Controllingabteilungen unterscheiden. Weitere Erläuterungen unnötig.

Aber all diese Gegensätzlichkeiten und Unterschiede hindern das fast hundertköpfige Ensemble nicht daran, das große Konzert im gemeinsamen Geiste zu bestreiten.

Druck und Lampenfieber

Ob nun im Orchester oder solistisch: Jede Demonstration der individuellen künstlerischen Fähigkeiten beinhaltet zwangsläufig einen Auftritt vor Publikum. Ein hohes Maß an Druck und nervlicher Belastung gehören daher zum Alltag eines Musikers.

Es ist bereits eine ziemliche Nervenprobe für die Teilnehmer eines Probespiels, vor den versammelten Musikern eines Orchesters, inklusive des Chefdirigenten, ihre beste Leistung im entscheidenden Augenblick abzurufen. Aber man darf dabei nicht vergessen, dass jedes künftige Konzert eine ebensolche Herausforderung für die Musiker darstellt: Von nun an werden die Instrumentalisten ein ganzes Berufsleben lang belauscht und beäugt, von den eigenen Kollegen, dem Publikum, den Kritikern. Und bei Live-Übertragungen in Radio oder Fernsehen haben sie nur eine einzige Chance, ihre Qualität zu beweisen, nichts kann wiederholt, kein Fehler kann nachträglich korrigiert werden.

Daher geht es beim Probespiel nicht darum, die jungen Musiker in ein wohliges Umfeld mit wettbewerbsfreier Aura zu betten, nach dem Motto: Sie sind ja so talentiert, lasst uns eine gute Atmosphäre schaffen, in der sie ihre ganze Leistung bringen können. Klingt nett, ist aber Unsinn.

Denn wenn die jungen Probanden dem Druck im Probespiel nicht standhalten, dann werden sie künftig auch im tagtäglichen Orchesterstress kaum bestehen. Die Fähigkeit, ihr höchstes Leistungspotenzial im entscheidenden Moment abrufen zu können, ist eine ihrer Schlüsselqualifikationen und gehört zu ihrem Job. So gut sie auch in den Proben gespielt haben, es zählt allein das Konzert.

Im Grunde erwartet man von Musikern sogar, dass sie bei einem wichtigen Auftritt über sich hinauswachsen und zu Höchstleistungen angespornt werden. Aber leider gibt es nicht wenige erstklassige Instrumentalisten, die bereits an der Hürde Probespiel scheitern. Das Orchester als schonungslose Leistungsgesellschaft.

Im Gegensatz zu jungen Spitzenkräften in der Wirtschaft haben Musiker den Vorteil, sich bereits in jungen Jahren langsam an ihr immer größer und kritischer werdendes Publikum gewöhnen zu können.

Durch erste Auftritte im kleinen, familiären Kreis, dann an der örtlichen Musikschule, später am Konservatorium oder an der Musikhochschule, wachsen sie in Aufführungssituationen hinein und lernen damit umzugehen. Dennoch wird sie das Thema Lampenfieber ihr ganzes Leben lang begleiten, in verschiedenen Lebensphasen mit unterschiedlicher Intensität.

Junge Topmanager werden oft, was öffentliche Auftritte betrifft, ins kalte Wasser geworfen. Nach einer fachlich erstklassigen Ausbildung, die nur selten Vorträge vor kritischem Publikum beinhaltet, müssen sie plötzlich in wichtigen Meetings ihre fachliche Kompetenz überzeugend darstellen, oder sich in Bilanzpressekonferenzen beweisen. Da wird schon manchmal der Hemdkragen eng, und das ist durchaus verständlich, denn in den Unternehmen geht es schnurstracks von null auf hundert, ohne lange Eingewöhnungsphase.

Oft kann hier ein Coach weiterhelfen, der den fachlich kompetenten Manager sowohl rhetorisch als auch körpersprachlich schult. Aber auch bei dieser sinnvollen Form des Coachings fehlt oft die direkte Hilfestellung bei Lampenfieber. Unmittelbar vor einem Auftritt sind Manager ganz sich selbst überlassen und oft beträchtlich irritiert, dass ihnen die erlernten Mechanismen unter Nervosität auf einmal zu entgleiten drohen.

An den Musikhochschulen ist es üblich, dass während des Unterrichts immer auch neugierige Studienkollegen, also die unmittelbaren Konkurrenten, zuhören dürfen. Dadurch gewöhnt man sich einerseits an den harten Wettbewerb und überdies lernt man beim Zuhören enorm viel, nicht zuletzt in Bezug auf den eigenen Stil.

Ich habe bei meiner Arbeit bemerkt, dass Manager bereits aufgrund der Tatsache, dass sie vor ihrem Auftritt überhaupt Nervosität verspüren, in ihrem Selbstverständnis beeinträchtigt sind. Es fällt ihnen schwer, diese völlig normale Reaktion der Psyche und die damit verbundenen körperlichen Reaktionen als selbstverständlich anzunehmen. Viele Führungskräfte versuchen stattdessen, diese Unannehmlichkeit mit sachlichen Argumenten zu verdrängen.

Manager wollen Nervosität oft rein strategisch bekämpfen: »Ich habe schließlich die fachliche Kompetenz, daher ist es lächerlich, wenn ich nervös bin.« Diese Einstellung verstärkt das Lampenfieber, weil sie ihm auf einer falschen, der rein intellektuellen Ebene begegnet.

Musiker simulieren im Vorfeld eines entscheidenden Auftritts die Konzertsituation. Sie spielen so oft es geht vor Publikum, da sie wissen, dass sich unter Stress die lang eingeübten technischen Bedingungen völlig verändern: Bei feuchten Händen rutscht man mit den Fingern leicht von den Saiten ab, die Bogenhand kann bei langen Noten zittern, unbewusst atmet man kürzer, auch stoßweise. Insgesamt blockiert gerade eine gehemmte Atmung von vornherein alle komplexen Arbeitsabläufe im Körper. Mit diesen neuen Umständen muss sich ein Musiker rechtzeitig vertraut machen, um in einem Konzert nicht völlig orientierungslos zu sein. Selbst Techniken, an die man in den eigenen vier Wänden keinen Gedanken zu verschwenden hatte, weil sie wie selbstverständlich in Fleisch und Blut übergegangen schienen, werden unter Druck plötzlich zur unüberwindbaren Hürde.

Beruhigungstabletten sollten ausschließlich in absoluten Ausnahme- und Notsituationen verwendet werden. Bei Menschen, die permanent im Rampenlicht stehen, ist definitiv eine mentale Herangehensweise erforderlich, um nicht langfristig von Pillen abhängig zu werden. Oder vom Alkohol.

Vor einiger Zeit empfand ich vor einem Konzert überhaupt keine Aufregung. Ich war irritiert, nicht die geringste innere Spannung baute sich in mir auf. So angenehm dies einerseits war, spürte ich, dass ich mit dieser Einstellung kaum die Explosivität aus mir herausholen würde, die vom ersten Takt an bei Beethovens leidenschaftlich nach vorwärts drängender

Egmont-Ouvertüre erforderlich war. Bereits die geballte Kraft und Wucht, die sich in den Anfangstakten dramatisch und unerbittlich entlädt, erfordert eine ehrliche, nicht gekünstelte innere Vehemenz. Und dann der Übergang von der langsamen Einleitung in das schnelle Allegro: Undenkbar, dieser Musik gerecht werden zu können, wenn ich sie mit einer gewissen gesättigten Routine abhandeln würde.

Ich versuchte mir also vorzustellen, wie das erwartungsvolle Publikum in den Saal strömte, wie das Orchester sich warm spielte. Nichts passierte, mein Puls verharrte ungerührt auf normalem Niveau.

Dann kam kurz vor meinem Auftritt zufällig der Orchesterdirektor in mein Künstlerzimmer und erinnerte mich nebenbei daran, dass das Konzert live auf BBC-Radio übertragen wurde. Mein Adrenalinspiegel schoss unvermittelt in die Höhe. Das gab meinem Körper und Geist endlich den nötigen Schub und die nötige Spannung und Wachheit, die für gute Leistungen unabdingbar sind. Voller Tatkraft und Energie betrat ich das Podium.

Es macht letztlich überhaupt keinen Unterschied, ob jemand vor Publikum musiziert, spricht oder tanzt. Natürlich kann es auch spezielle psychologische Auslöser für die Nervosität vor Auftritten geben, die gegebenenfalls ärztlichen Rat erfordern. Aber prinzipiell sollte man diese Anspannung als etwas Normales, ja Fruchtbares annehmen lernen, da sie ungeahnte Energien freisetzt.

Es gilt der Grundsatz: Kein gutes Konzert ohne Lampenfieber. Keine überzeugende, lebendige Performance ohne Anspannung!

Führungskräfte sollten Lampenfieber vor Auftritten daher niemals als eine persönliche Schwäche oder Beeinträchtigung ihres Selbstverständnisses empfinden.

Denken Sie sich bereits Tage vor Ihrem Auftritt in die kommende Drucksituation hinein und akzeptieren Sie gleichzeitig, dass Sie mit Nervosität zu rechnen haben. Damit entschärfen Sie bereits im Vorfeld den plötzlichen Stressaufbau von null auf hundert unmittelbar vor Ihrem Auftritt. Versuchen Sie nicht, die körperlich lästige Anspannung zu ignorieren, sondern betrachten sie diese als hilfreiches, kreatives Kraftfeld, das Ihren Auftritt beflügeln wird.

2. Vom Ich- zum Wir-Gefühl

Virtuosität muss von der dramatischen Kunst ferngehalten werden, keine einzelne Stimme darf sich geltend machen, Harmonie muss das Ganze beherrschen, wenn man das Höchste erreichen will.
Johann Wolfgang von Goethe

Wer nahe genug am Orchester sitzt und ganz genau hinsieht, kann vielleicht die vielschichtigen Abstimmungsprozesse innerhalb des Ensembles während eines Konzerts wahrnehmen, die mittels Körpersprache und Blickkontakt ablaufen – ganz selbstverständlich und autark.

Mittendrin der junge Instrumentalist, der, wie oben beschrieben, im Probespiel die internationale Konkurrenz besiegt hat. Nicht zuletzt aufgrund seiner ausgeprägten Künstlerpersönlichkeit und seines damit verbundenen persönlichen Stils. Nun befindet sich dieser aufstrebende Individualist plötzlich im engen Orchesterkollektiv, noch dazu unter der Führung eines Dirigenten. Wie kann das überhaupt funktionieren?

Ein Orchester als permanentes gruppendynamisches Seminar

Die Arbeitssituation im Orchester ist eine ganz spezielle und hat auf den ersten Blick nichts mit der in modernen Unternehmen von heute gemeinsam. Als ich nach neun Jahren im Orchester in die Wirtschaft wechselte, bedeutete das für mich eine unerwartete Befreiung aus einer beklemmenden räumlichen Enge und »Umklammerung«, die sich kaum ein Manager je vorstellen kann, an die ich mich aber gewöhnt hatte.

Als ich mein eigenes Büro hatte und diese Beengtheit bei der Arbeit plötzlich wegfiel, wurde mir erst bewusst, unter welch schwierigen Umständen Orchestermusiker tagtäglich ihren harten Job machen müssen. Aber gerade das ist der Vorteil für mein Anliegen mit diesem Buch:

Die Probleme verschiedenster Art sind in Orchestern und Unternehmen sehr ähnlich, nur zeigen sie sich im Orchester, aufgrund der räumlichen Enge, schonungsloser und ohne Zeitverzögerung.

Mitarbeiter von Unternehmen sind dieser permanenten räumlichen Nähe zu Kolleginnen und Kollegen kaum ausgesetzt. Vielleicht höchstens dann, wenn sie sich mehrmals im Jahr an bestens organisierten Wochenenden mit ihren Kollegen zu einem intensiven Erfahrungsaustausch treffen. Sei es, um bei waghalsigen sportlichen Grenzerfahrungen ihre Frustrationstoleranz auszuloten, oder um an speziellen Orten gezielt Brainstorming zu betreiben. Oft wählen die Verantwortlichen zu diesem Zweck, durchaus mit einer gewissen strategischen List, abgelegene Berghütten oder Klöster aus. Diese Abgeschiedenheit verhindert, so scheint es mir manchmal, dass Teilnehmer, die der Sache überdrüssig geworden sind, sich einfach davonstehlen können, ohne sich der Gefahr des orientierungslosen Vagabundierens in unwegsamem Gelände auszusetzen.

Jede Musikerin, jeder Musiker befindet sich in Proben und Konzerten unaufhörlich auf dem Präsentierteller, keine Laune, keine Stimmung entgeht den Kolleginnen und Kollegen.

Auf manch kleineren Bühnen sitzt man dem Pultnachbarn fast auf dem Schoß, man findet kaum den nötigen Platz, um mit dem Bogen frei zu streichen. Es kann dauern, bis man in einem solchen Fall endlich eine halbwegs vernünftige Sitzposition gefunden hat, bei der man der netten Kollegin in Schönbergs technisch schwieriger »Verklärter Nacht« nicht unentwegt den Geigenbogen in die Hüften stößt. Und falls man einmal eine schlaflose Nacht hinter sich hat, weil das Baby gerade Zähne bekommt, so kann man darauf wetten, dass einen das halbe Orchester darauf ansprechen wird, sobald man das Podium betritt. Der kontinuierliche Blickkontakt als eine der Säulen des gemeinsamen Musizierens hat manchmal leider die Privatsphäre verletzende Folgen.

Ein Orchester ist ein kontinuierliches, gruppendynamisches Seminar, das eben nicht nur, wie in Unternehmen, an einigen Tagen im Jahr mit der Aura des besonderen Events stattfindet, sondern tagtäglich und unaufhörlich.

Meine sehr geehrten Leserinnen und Leser, vielleicht verlieben Sie sich jetzt sofort in Ihr Büro, Ihren Schreibtisch und Ihren Laptop, welche Ihnen bis zu einem gewissen Grad Rückzugsmöglichkeiten eröffnen. Und vielleicht werden Sie es künftig mehr zu schätzen wissen, nach mühsamen Meetings und Diskussionen in Ihr Büro zurückkehren zu können, mit dem nachdrücklichen Hinweis, auf absehbare Zeit nicht gestört werden zu dürfen. Endlich allein, endlich mal durchatmen! Und keiner weiß, was Sie gerade tatsächlich tun.

Aktueller Ausbildungsstand versus langjährige Erfahrung

Junge Topmusiker, die gerade gut trainiert von der Hochschule kommen, sind rein technisch meist denjenigen Kolleginnen und Kollegen überlegen, die vielleicht schon seit zwei Jahrzehnten im Orchester spielen und deren handwerkliche Fähigkeiten dann nicht mehr auf dem neuesten Stand sind. Im Gegensatz zu Unternehmen wird dieser Tatbestand im Orchester ohne große Grabenkämpfe allgemein akzeptiert. Die älteren Kollegen sind sich dessen auch voll und ganz bewusst und würden daher einem direkten Vergleich wahrscheinlich aus dem Wege gehen.

Die neue junge Kraft wird demnach für ihre offensichtlichen Fertigkeiten von vornherein grundsätzlich respektiert und angenommen.

Aber es gibt eine Art von Orchestererfahrung, die nicht nur mit technischen Parametern zu beschreiben ist: und zwar die Erfahrung der besten Umsetzung von Konzepten, Ideen und Visionen. Diesbezüglich haben ältere Kolleginnen und Kollegen den neuen, jungen Musikern, denen sie vielleicht technisch unterlegen sind, anfangs naturgemäß einiges voraus.

Eine Führungskraft benötigt ein hohes Maß an Teamorientierung, damit sie genau beurteilen kann, welche Umsetzungstechniken innerhalb ihrer Abteilung am besten funktionieren.

Für das folgende Beispiel muss ich etwas vorausschicken:

Vielleicht sticht Ihnen bei einem Konzert ins Auge, mit welch synchroner Exaktheit alle Streicher die Bogenstriche exerzieren. Sie müssen dabei bedenken, dass die bogentechnische Umsetzung niemals eine vorgegebene Selbstverständlichkeit ist. Die Frage, wie viele Noten auf einem Bogen gespielt werden, ob mit Auf- oder Abstrich, abgesetzt oder gebunden, eröffnet unbegrenzte Interpretationsmöglichkeiten und ist in den Originalnoten nur vage angedeutet. Dieses Problem stellt für die Abteilungsleiter der Streichergruppen stets die enorme Herausforderung dar, aus all diesen Möglichkeiten die besten Bogenstriche für eine bestimmte Klangvorstellung auszutüfteln.

Von den Komponisten ist zwar die Phrasierung einer Melodie vorgeschrieben, also der übergeordnete Atem einer Phrase oder eines rhythmischen Details. Aber diese Phrasierungsbögen entsprechen kaum den Bogenstrichen, die nötig sind, um die Intentionen des Komponisten sinnvoll wiederzugeben. Auch wenn der Komponist selbst ein Streichinstrument gespielt hat, wie Mozart, so haben sich inzwischen die Umstände und Bedingungen der Aufführungspraxis so stark verändert, dass die Abteilungsleiter der Streicher, je nach Tempo und Klangideal, für jedes Konzert die Bogenstriche oft ganz neu einzeichnen müssen. Dafür geben die Komponisten aber bewusst Spielraum.

Das Einzeichnen dieser Striche in die Noten ist somit ein wesentlicher und äußerst mühseliger Teil der Probenarbeit, falls der Dirigent nicht mit seinem eigenen Notenmaterial anreist, in dem bereits alles fertig vorbereitet ist. Aber ein Dirigent wird dies nur bei Werken seines Hauptrepertoires anbieten können. Für die von ihm seltener dirigierten Werke der sinfonischen Literatur wäre der Aufwand, im Vorfeld alle Orchesterstimmen einzurichten, zu groß. Außerdem sind nicht alle Dirigenten versiert darin, die bestmöglichen Bogenstriche für ihr Klangideal herauszubekommen.

Der frischgebackene Konzertmeister bemüht sich in seiner Funktion als Abteilungsleiter der ersten Violinen beispielsweise um einen neuen ausgeklügelten Bogenstrich in einer Sinfonie. Schließlich wählt er einen, der für ihn selbst, als Einzelkraft, perfekt zu bewältigen ist, jedoch seine Gruppe von zehn bis sechzehn Musikerinnen und Musikern vor enorme Probleme stellt.

Der junge Könner demonstriert sein bis ins Detail durchdachtes Bogenkonzept der Gruppe. So überzeugend es bei ihm selbst erklingt, seine Technikinnovation klappt leider überhaupt nicht, wenn sie vom ganzen Team ausgeführt wird.

In diesem Fall wird der junge Konzertmeister wohl auf die Erfahrungswerte älterer Kollegen zurückgreifen müssen. In seiner langjährigen Ausbildung ging es ja ausschließlich um die beste individuelle Bogenstrichlösung, denn jede Hand, jeder Körper ist letztlich anders gebaut.

Der junge Topspieler wird in der Folge vielleicht nicht umhin kommen, seine wohlüberlegten Striche in manchen Details modifizieren zu müssen, damit sie auch im gesamten Team funktionieren.

Im Orchester verliert eine junge Führungskraft durch eine Änderung der Strategie nicht an Autorität. In Unternehmen dominiert der Druck, den einmal eingeschlagenen Weg nicht ohne Gesichtsverlust verlassen zu dürfen, auch wenn er als falsch erkannt wurde. Diese statische, steife Haltung soll Macht und Führungsstärke vortäuschen.

Im Orchester ist den älteren Kollegen stets präsent, dass die jungen Spitzenkräfte handwerklich perfekt ausgebildet sind.

Und dieser Respekt wird nicht zunichte gemacht, nur weil der jungen Führungskraft anfangs das orchesterspezifische Bewusstsein fehlt.

Auf diese Weise entsteht schließlich eine Balance zwischen der kreativen Innovationsfähigkeit der jungen Spitzenkraft und der Erfahrung älterer Kolleginnen und Kollegen, und diese wird innerhalb des Orchesters aufgrund des spontanen Feedbacks sofort erlebbar und hörbar.

Es geht bei Umsetzungstechniken nicht um einen Kompromiss auf kleinstem gemeinsamen Nenner, sondern um die richtige Balance zwischen einer erstklassigen individuellen Lösung und einer, die auch auf ein Team übertragbar ist.

Der Dirigent Sergiu Celibidache forderte von den Streichern der Münchner Philharmoniker stets ein, den Bogen ganz träge und langsam zu ziehen, so als würde Honig an ihm kleben. Eigentlich lernt jeder Streicher in seiner Ausbildung genau das Gegenteil, nämlich eine frei fließende, nie gehemmte Bewegung der Bogenhand. Individuell betrachtet war die Vorgabe des Dirigenten spieltechnischer Unsinn, denn eine einzelne Geige erklingt auf diese Weise eher kratzig und widerborstig.

Wurde jedoch diese Technik von fast sechzig Streichern kompromisslos angewandt, ganz gegen das individuelle Gefühl, so entstand ein unglaublich faszinierender, kraftvoller und tiefer Sound, für den das Orchester schließlich weltweit gerühmt wurde, ohne dass die Zuhörer je herausfanden, wie die Musiker diesen Klang eigentlich zustande brachten.

Abteilungsübergreifende Lösungen

Nur wenige Konzertbesucher machen sich eine Vorstellung davon, wie viel Schreib- und Abstimmungsarbeit in den Proben nötig ist, um in einem Orchester Einheit aus Vielfalt, also ein musikalisch homogenes Konzept zu bauen.

Selbst wenn ein Orchester zufälligerweise innerhalb kürzester Zeit mit zwei verschiedenen Dirigenten ein und dasselbe Werk spielen würde, die Bogenstriche müssen dafür, den unterschiedlichen Vorgaben entsprechend, stets neu ausgehandelt und eingezeichnet werden. Das erfordert bei allen Beteiligten ein enormes Maß an Flexibilität, die somit eine der Säulen des gemeinschaftlichen Musizierens darstellt.

Das Orchester probt mit seinem Dirigenten den 1. Satz der 3. Sinfonie von Beethoven. Das Anfangsthema der Violoncelli klingt nicht strömend und fließend, sondern behäbig und selbstgefällig. Der Dirigent bricht ab, weil das Orchester von seinem zügigen Tempo überrascht wurde, welches für das Ensemble eher ungewohnt war und wofür der vorhandene Bogenstrich überhaupt nicht geeignet ist.

Man unterbricht kurz das Spielen. Der Solocellist versucht, schnell einen Bogenstrich auszutüfteln, der dem neuen Tempo entspricht, dann wird dieser sofort von allen Cellisten in die Noten eingetragen und sogleich probiert man die Stelle aufs Neue.

Das Entscheidende bei diesem Prozess: Falls eine Gruppe einen guten Strich gefunden hat, was ohnehin manchmal nicht leicht ist, so ist dieser nicht einfach die Lösung schlechthin. Denn es ist das Wesen der Klassischen Sinfonik, dass Themen und Motive, die anfangs in einer Instrumentengruppe auftreten, vom Komponisten im Laufe des Werkes verarbeitet werden. Also wird ein Thema, das anfangs beispielsweise in den Celli erklang, später auch von anderen Instrumenten aufgegriffen. Bei Beethovens »Eroica« übernehmen Holzbläser und Horn das Cellomotiv. Oder es erklingt ein Thema zuerst in den ersten Violinen, und später tritt es in den Violoncelli auf, wie beispielsweise in der 4. Sinfonie von Tschaikowsky.

Was bedeutet das für die Arbeit der einzelnen Instrumentengruppen und deren Führungskräfte?

Es bedeutet, dass ein guter, neuer Strich solange vorläufig ist, bis alle Beteiligten sich einen Überblick über die gesamte Entwicklung des sinfonischen Geschehens verschafft und damit sozusagen über den Tellerrand der eigenen Abteilung, des eigenen Teams hinausgeblickt haben.

Es ist absolut sinnlos, wenn eine neue technische Strategie einer Abteilung nicht im konzeptionellen Gesamtzusammenhang betrachtet wird, sondern nur auf die bestmögliche Umsetzung innerhalb dieser Abteilung ausgerichtet ist.

Was bogentechnisch bei den Violinen problemlos funktioniert, kann die Celli vor unüberwindliche technische Hürden stellen. Was also strategisch ideal ist für die eine Abteilung, kann innerhalb einer anderen kaum umsetzbar sein. Da sich beide Abteilungen ein und demselben Ziel verpflichtet fühlen und sie eine gemeinsame Strategie, wenn auch aus unterschiedlicher Perspektive, erarbeiten sollen, gibt es Abstimmungsbedarf.

Ein abteilungsübergreifendes Bewusstsein aller Beteiligten ist die Basis der Orchesterarbeit.

Es bringt nichts, wenn die ersten Violinen einen tollen Strich für ein Thema gefunden haben, während die Celli für das gleiche Thema die ausschließlich für ihr Instrument geeignete Technik einsetzen. Wenn dann noch die Holzbläser ganz autark ihre Atempausen festlegen, welche wiederum andere Schwerpunkte innerhalb des Themas setzen, dann ist das Chaos perfekt. Auch wenn jede Abteilung glaubt, das Beste gewollt und erreicht zu haben. Jede Abteilung hat dann zwar ihre ganz persönliche und ideale Lösung, Homogenität ist aber nicht in Sicht.

Im Orchester gibt es jedoch ein Bewusstsein, das in manchen Unternehmen fast schon paradiesisch anmuten würde: Jeder einzelne Musiker weiß, dass Lösungsstrategien nur erfolgreich sind, wenn sie, im Hinblick auf ein gemeinsames Endprodukt, abteilungsübergreifend kompatibel sind.

Daher ist es üblich, dass sich jeder Vorspieler permanent mit den anderen abstimmt. Verschiedene technische Varianten werden diskutiert, probiert, und sogleich wieder verworfen, wenn sie für eine andere Gruppe zu unüberwindbaren Schwierigkeiten führen. Das Ziel ist, den komplexen Inhalt der Musik in einer einheitlichen Sprache zu verwirklichen. Daher kommen diese Abstimmungsprozesse erst dann zu einem Ende, wenn Lösungsstrategien gefunden wurden, die Einheit schaffen.

Dass es in diesem Prozess andauernd zu Interessenskonflikten kommt, die eine Abteilung bisweilen schier verzweifeln lassen, ist selbstverständlich.

So schwer es auch sein mag, bisweilen auf die perfekte Abteilungsstrategie zu verzichten: Lösungen anzustreben, die abteilungsübergreifend wirken, sind und bleiben der einzige Weg zum Erfolg!

Darf man diese Abstimmungsprozesse leichtfertig Kompromisse nennen, wie sich das vielleicht aus der Perspektive einer einzelnen Abteilung darstellt? Keinesfalls. Viel mehr wäre doch das Nebeneinander unterschiedlicher Strategien nichts als ein fauler Kompromiss in Bezug auf das Endergebnis, auch wenn jeder rein persönlich mit seiner Lösung zufrieden wäre.

Wie in Unternehmen vertreten auch die verschiedenen Abteilungen eines Orchesters unterschiedliche Interessen, die sie mit Engagement verfolgen. Demzufolge ist es in der täglichen Probenarbeit keinesfalls so, dass Musiker einmütig ihre persönlichen Anliegen zurückstellen. Im Gegenteil, erst die große Reibung zwischen den Abteilungen gebiert tragfähige technische Lösungen. Die Notwendigkeit, dass ein großes, starkes Team seine perfekt ausgetüftelte Bogenstrichlösung aufgibt, um den Klang und Charakter einer einzelnen Flöte zu unterstützen, wird in der Folge überhaupt nicht als »Verlust« empfunden.

Falls sich in anderen Unternehmen einzelne Abteilungen abstimmen und dabei einige ihrer spezifischen Errungenschaften bis zu einem gewissen Grad preisgeben müssen, sprechen die Beteiligten oft mit einem Unterton von Frust und Widerwillen von den »leider nötigen Kompromissen«.

Musiker eines Toporchesters haben ein anderes Bewusstsein:

Tragfähige Lösungen entstehen aufgrund einer permanenten kollektiven Interaktion, über alle unterschiedlichen Interessen hinweg. Diese Haltung haben Orchestermusiker fast unbewusst verinnerlicht, während sie in Unternehmen manchmal zu kurz kommt.

Die abteilungsübergreifende »Sinfonische Kontinuität« muss trotz aller verständlichen und natürlichen Divergenzen gewahrt bleiben, das übergeordnete Ergebnis ist der Endzweck. Diese Einstellung ist einer der positiven Nebeneffekte der oft so anstrengenden, weil räumlich engen Arbeitssituation im Orchester.

Vorausgesetzt, der Dirigent bleibt den Musikern seine klare Vision nicht schuldig. Diese muss sich ihnen deutlich offenbaren, sie motivieren und begeistern. Aber dazu später.

Sympathien und Antipathien

Wenn man einmal von den fruchtbringenden Gesprächen an der Kaffeemaschine und zwischen Tür und Angel absieht, scheint es in Unternehmen bedeutend weniger »offene« Kommunikationsformen zu geben als in einem Orchester. Unter »offen« verstehe ich: ehrlich und direkt, nicht aber beleidigend oder verletzend. In Unternehmen wird manchmal jedes Wort auf die Goldwaage gelegt und vorschnell als Angriff aufgefasst, was reibungslose Abläufe beeinträchtigen kann.

Im Orchester ist es üblich und absolut nichts Aufregendes, wenn zwei Pultnachbarn, also die kleinste Teamzelle des Orchesters, bei einem gewissen Stück nicht miteinander harmonieren und sich das auch offen eingestehen. »Ich kann bei Ravel nicht mit dir. Du bewegst dich bei der ›Rhapsodie Espagnole‹ so ganz gegen mein Gefühl. Das bringt mich total aus dem Rhythmus. Ich glaube, es ist besser, wenn wir künftig, wenn möglich, mit einem anderen Partner zusammenspielen.« Das Überraschende dabei: Keiner ist beleidigt, jedem ist geholfen.

Denn es ist doch höchst unwahrscheinlich, dass sich eine Person mit einer anderen unwohl fühlt, während die andere aufblüht vor Wonne.

Stellen Sie sich vor, diese ehrliche Aussage würde innerhalb einer Abteilung eines Unternehmens gemacht werden.

Wenn es sich dabei nicht zufällig um ein erstklassig eingespieltes Team handelt, dass menschlich ungezwungen und entspannt miteinander umgeht, dann könnte dieser Satz bereits kurze Zeit später ein Fall für die Personalabteilung werden. Mit ungeahnten Konsequenzen.

Man fragt mich bisweilen, ob ich die Orchestersituation nicht allzu idealisiert charakterisiere. Daher möchte ich sogleich mit einem Trugschluss aufräumen, bevor er sich beim Leser einschleicht und festsetzt. Im Orchester sind Spannungen an der Tagesordnung und sie werden nicht mit einem sanften, treuseligen Lächeln weggewischt oder unterdrückt. Nichts dergleichen!

Der wesentliche Unterschied zu anderen gesellschaftlichen Organisationsformen besteht schlicht darin, dass es keinen subtilen Kollektivzwang gibt, sich gegenseitig stets positiv und freundlich gesinnt sein zu müssen.

Nur ein offenes Austragen von Konflikten und ein selbstverständlicher, fast leidenschaftsloser Umgang mit Antipathien schaffen ein gutes Arbeitsklima.

Während in Unternehmen der Verhaltenskodex dominiert, sich teamfähig, offen, freundlich und sympathisch geben zu müssen, was letztlich alle überfordert und langfristig nur Spannungen aufbaut, dürfen in einem Orchester Kolleginnen und Kollegen in den Proben, in den Pausen mehr oder weniger unverstellt ihre Antipathien zeigen. Hier wirft ein kleines, spontanes Streitgespräch niemanden vom Hocker.

Und falls ein erster Hornist vor einem schwierigen Auftritt einmal überreagiert, so sieht man das eher gelassen. Jeder weiß doch, dass er gerade unter Strom steht und niemand wird seine Worte auf die Goldwaage legen oder ihm nachtragen.

Ich erlebe in Unternehmen, dass bei kleinen Missstimmigkeiten sogleich die moralische Keule geschwungen wird: »So ein Stil kann bei uns nicht toleriert werden. So dürfen wir nicht miteinander umgehen.« Ein Achselzucken würde der tatsächlichen Lage oft eher gerecht werden.

Niemand käme im Orchester auf die Idee, sich aufgrund zwischenmenschlicher Animositäten und diesbezüglicher Reaktionen aus dem »gemeinschaftlichen Konzert« auszuklinken.

Es geht um nichts anderes als die psychologisch-atmosphärische Grundhaltung, dass bei vielen unterschiedlichen Charakteren naturgemäß Sympathien und Antipathien völlig alltägliche Faktoren des gemeinschaftlichen Miteinanders sind.

In Unternehmen besteht eine übergroße Sorge vor Verletzungen der Verhaltensregeln, und manchmal schaltet sich allzu schnell die Personalabteilung ein, um zu schlichten, wo es eigentlich gar nichts zu schlichten gibt.

Zwischenmenschliche Gegebenheiten müssen akzeptiert werden. Wenn man jedoch von Mitarbeitern verlangt, Spannungen, die zum Alltag gehören wie die Luft zum Atmen, stets zu unterdrücken und zu leugnen, dann soll man sich nicht wundern, dass manchen Mitarbeitern tatsächlich nichts anderes übrig bleibt, als Kolleginnen und Kollegen auf fachlicher Ebene zu bekämpfen oder zu mobben. Denn irgendwo sucht sich jede Spannung, die künstlich unterdrückt wird, ein Ventil.

Unser allgemein verbreiteter gesellschaftlicher Irrtum besteht darin, dass wir an einem falschen Teamverständnis festhalten.

Es ist blanker Unsinn, zu glauben, dass wir fachlich nicht kreativ und respektvoll zusammenarbeiten können, wenn wir uns nicht gleichzeitig sympathisch sind, auch wenn sich diese Haltung in unseren Köpfen verfestigt hat.

Kürzlich las ich in einer Zeitung eine gelungene Polemik, in der überspitzt geschildert wurde, wie wenig sich die Bläser und Streicher eines Orchesters leiden können, wie sie sich unentwegt bekriegen und dabei versuchen, sich gegenseitig auszubooten. Am Schluss stand der entscheidende Satz, nämlich, dass die Musiker trotz all dieser Konflikte dennoch überraschenderweise erstklassige Konzerte gemeinsam zustande bringen.

Genau das ist der entscheidende Punkt!

Es muss endlich verstanden werden, dass das eine nicht das andere ausschließt, denn die fachliche und die persönliche Ebene haben nichts miteinander zu tun!

Ein Orchester ist also nicht beispielhaft aufgrund einer weltentrückten, pseudo-harmonischen Haltung der Spieler, in der sich alle Beteiligten stets nur sanft und aggressionsfrei anlächeln.

Ein Orchester ist beispielhaft, weil die Musikerinnen und Musiker ihre natürlichen Neigungen akzeptieren, diverse Spannungen und Konflikte nicht unentwegt dramatisieren, sondern diese als selbstverständlichen und natürlichen Bestandteil des menschlichen Miteinanders betrachten. Anders gesagt: Künstler machen aus einer Fliege nicht immer einen Elefanten.

In Unternehmen fehlt diese Souveränität oft. Kleinigkeiten haben manchmal dramatische Folgen: Die Personalabteilung wird eingeschaltet, das Thema ist in aller Munde, die Sache bläht sich auf, wird verkompliziert, bis die Konturen verschwimmen. Und kein Mensch kommt auf die Idee, einfach mal den Stecker zu ziehen oder die »Reset-Taste« zu drücken.

Man will, psychologisch geschult, die Sache ausdiskutieren, obwohl es eigentlich nichts zu besprechen gibt. Man könnte bei dieser Gelegenheit einmal mit Leichtigkeit, Humor und Einfühlungsvermögen über die unleugbare Tatsache diskutieren, dass sich nicht alle Menschen sympathisch sein können. Ich möchte behaupten, dass man nur dann ehrlichen Respekt vor Kollegen haben kann, wenn man nicht andauernd damit beschäftigt ist, seine Energien in aufwändige zwischenmenschliche Realitätsverleugnung zu investieren.

Respekt ist wichtiger als Harmonie

Ich habe jahrelang mit einem Kollegen an einem Pult gut zusammengespielt, obwohl wir uns niemals privat auf ein Bier getroffen hätten. Wir konnten uns den Pultpartner nicht auswählen, da wir beide »Abteilungsleiter« waren und daher am ersten Pult der Violingruppe saßen.

Wir waren uns nie sympathisch und wir waren uns dieser Tatsache stets bewusst. Und auch für unsere Mitspieler war dies kein Geheimnis, das zu irgendwelchen Spekulationen Anlass gab.

Dennoch haben wir respektvoll zusammengearbeitet. Nicht auszudenken, wenn einer von uns diese »offen akzeptierte« Antipathie jahrelang hätte unterdrücken müssen, aufgrund einer falsch verstandenen, von oben verordneten Gruppenharmonie. Unsere Konflikte wären unweigerlich auf fachlicher Ebene zum Ausbruch gekommen. Wo denn sonst?

Doch so entstanden nicht selten sogar äußerst vertraute

Momente, wenn wir beispielsweise beide im gleichen Augenblick fühlten, dass wir von derselben Musik berührt und mitgerissen wurden. Dann musizierten wir augenzwinkernd zusammen, spielten uns mit Lust die Töne zu und harmonierten auf erstklassige Weise, über alle persönlichen Grenzen hinweg.

Was ist das für ein Gesellschaftsbild, wenn die Meinung vorherrscht, dass individuelle Eindrücke und Gefühle unterdrückt werden müssen, um das Miteinander respektvoll und positiv zu gestalten?

Ich glaube, gegenseitige Toleranz reicht dazu nicht aus. Diesem Begriff wohnt zwar eine politisch korrekte Haltung inne, allerdings besagt diese nicht, dass man auch tatsächlich respektiert, was man toleriert.

Ich glaube, auf diesem Gebiet ist durchaus eine gesellschaftliche Bewusstseinsveränderung vonnöten: vom *Ich* zum *Wir-Gefühl,* Einheit aus Vielfalt und wiederum nicht dieser gut gemeinte Versuch einer Gleichschaltung, eben auch nicht in zwischenmenschlichen Beziehungen.

Nur wenn sich der Mensch in seinem Umfeld frei fühlt, und sich zu keiner Ausgrenzung von »negativen« Gefühlen im Dienste eines künstlichen Harmoniegefühls gezwungen sieht, kann sich bei ihm Entspannung und in der Folge auch Inspiration einstellen.

Deshalb kann ein Orchester nicht *trotz,* sondern *aufgrund* der alltäglichen Differenzen erstklassige Konzerte zustande bringen. Spannungen müssen sich nicht auf beruflichen Feldern ihr Ventil suchen, wo sie zweifelsfrei der Arbeit und dem Erfolg schaden würden.

Vielleicht fällt es Künstlern einfach leichter, mit emotionalen Wahrheiten und Tatsachen umzugehen. Falls dem so ist, kann man davon nur lernen.

Störungen des altbewährten Ablaufs als fruchtbarer Quell

Es ist interessant, dass im Orchester eine gewisse Reizung beziehungsweise Provokation, die von neuen, individualistisch ausgebildeten Mitgliedern zwangsläufig verursacht wird, als fruchtbarer Quell empfunden wird und nicht als unliebsame Störung des Bewährten, wie manchmal in Unternehmen der Fall. Das ist wohl der Fluch und Segen des unmittelbaren Feedbacks, dem im Orchester keiner entkommen kann. Es gibt keinen Raum zum Ausleben persönlicher Bedürfnisse und Vorlieben: Alles wird im Kollektiv erlebt und erlitten. Ein Büromensch kann sich hin und wieder durch Rückzug einen scheinbaren Freiraum verschaffen, wenn er das vorangegangene Meeting als wenig ertragreich empfunden hat.

Ein Orchestermusiker erlebt künstlerisch unergiebige Zeiten, also Momente ohne jegliche »Reizung« des üblichen Ablaufs, ganz unmittelbar als Langeweile, und in der Folge entsteht ein kollektiver Überdruss. Sowohl der Einzelne als auch das ganze Team empfindet einen solchen Zustand als trostlosen Stillstand. Und dieser kann nicht, aufgrund der kontinuierlichen räumlichen Nähe zu allen Beteiligten, mit Selbstbeschäftigungstherapien verdrängt werden, wie das so gerne in Unternehmen geschieht.

Menschen in Unternehmen können sich besser über Stillstand hinweg trösten, indem sie sich vermehrt sozialen Kontakten im Büro hingeben oder in unbeobachteten Momenten ihre privaten, kleinen Bedürfnisse verfolgen, die ihnen das

Gefühl einer gewissen Befriedigung verschaffen, auch wenn der übergeordnete Kontext ihrer Arbeit eher frustrierend ist.

An der Tatsache, dass in einem solchen Unternehmen kein inspirierendes Klima der Kreativität mehr herrscht, ändern diese Ablenkungsmanöver wenig. Sie erlösen den Einzelnen nur kurzfristig und auch nur scheinbar aus diesem Dilemma.

Der mögliche Rückzug ins eigene Büro, und damit der Rückzug in sich selbst, kann somit die mangelnde Identifizierung des Einzelnen mit dem Unternehmen auf fatale Weise verstärken.

In jeder Organisation herrscht bei Stillstand Frust. In Unternehmen hofft man, dass sich die Probleme von selbst lösen, wenn man sie nur lange genug vertagt. Hier sind Vorgesetzte und Personalabteilungen mit ihrer ganzen Sensibilität gefordert, diese blockierenden, unterschwelligen Prozesse aufzuspüren und sie auch zu moderieren. Die Hoffnung, alles würde sich irgendwann von selbst lösen, ist ein Trugschluss.

Falls ein Austragen von Konflikten unmöglich ist, weil seitens der Vorgesetzten kein Verständnis dafür vorhanden ist, dann hilft nur noch der Mut zur Provokation.

Gezielte oder spontane Provokationen eines Einzelnen, ob nun Führungskraft oder Mitarbeiter, sind ein gutes und probates Mittel gegen Verkrustungen, falls sie den Konflikt ernsthaft ansprechen und tatsächlich einem Leidens- und nicht Profilierungsdruck entspringen.

Provokationen sind Störungen des üblichen Ablaufs und sollen es auch sein. Sie entfalten ihre Wirkung wie ins Wasser geworfene Steine, deren Wellen langsam und kontinuierlich ihren Radius erweitern. Sie rufen zwar Gegner auf den Plan, aber das sollte ertragen werden können, wenn man sich bewusst macht, dass deren Abwehr in erster Linie eine Angst vor Konflikten ist. Das Ziel zählt: eine verbesserte Arbeitsatmosphäre. Reibungen gehören einfach dazu.

Andere werden sich dann ebenfalls ermutigt fühlen, ihre Sicht der Dinge darzulegen. Eine uneitle Provokation kann eine fruchtbare Eigendynamik entfalten, und man sollte sich dabei keinesfalls beeindrucken lassen von den ängstlichen Mahnern, die es dann plötzlich »nur gut meinen« und um die »ehemals so harmonische und ruhige Arbeitsatmosphäre« fürchten.

Provokation ist auch dann erlaubt, wenn Mitarbeiter glauben, dass ihnen das Recht auf eine Art Solonummer in Endlosschleife zusteht. So als würde ein Trompeter ewig lautstark weiterblasen, und dabei nicht einmal bemerken, dass ihn das ganze Orchester bereits fassungslos anstarrt.

In manchen Teamprozessen oder Meetings treten unentwegt ein oder mehrere Solisten hervor, der Rest der gleichgestellten Mitspieler muss Publikum spielen. Bis hin zum eingeforderten Applaus.

Zur allgemeinen Ermüdung der Anwesenden werden in vielen Meetings Rituale vorgeführt, die in ihrer Ineffizienz nicht zu überbieten sind. Dazu gehören die üblichen kleinen Scherze zwischendurch ebenso wie die Aufforderung zur freien Meinungsäußerung, obwohl das vorgegebene Ritual den Spielraum individueller Ansichten klar definiert und dessen Überschreitung ziemlich aus dem Rahmen fallen würde.

Die Mitspieler, ausschließlich zum Applaus im richtigen Moment verdonnert, schalten bei solchen Meetings von vornherein ab. Sie klinken sich aus und geben sich diversen

Pseudoaktivitäten hin, anstatt diesen Zustand mittels Mut zur Provokation zu demontieren. Sie hätten das Recht dazu.

Spitzenmusiker haben eine ausgeprägte, manchmal exzentrische Persönlichkeit, aber man erwartet von ihnen nicht, dass sie diese verstecken oder an der Garderobe abgeben, bevor sie die Bühne betreten.

Für ein eingespieltes Ensemble kann diese Haltung auch mühsam und äußerst anstrengend sein, aber man ist bereit, sich diesen Prozessen auszusetzen, weil man weiß, dass am Ende alle davon nachhaltig profitieren.

Die Hinterfragung von altbewährten Mustern oder Strategien sollte als fruchtbare Quelle für die Lebendigkeit der gesamten Organisation begriffen werden.

Letztlich gilt für jede Organisation: Je weniger vermeintlich lästige, weil anstrengende Reizung des Altbewährten zugelassen wird, desto schwächer sind Inspiration und Innovation. Je mehr Beharren auf einem scheinbar abgesicherten Status Quo, der auf Vertrautes setzt, desto schneller der Burn-out, besonders bei motivierten Spitzenkräften.

Fazit: Musiker wünschen sich Reibungen, denn diese fördern das schöpferische Überleben des Einzelnen im räumlich engen Kollektiv. Dadurch wird gewährleistet, dass das Team lebendig, offen, innovativ und vor allem reaktionsfähig bleibt. Nur so macht Orchesterarbeit Spaß.

Ich bin davon überzeugt, dass diese Sehnsucht nach Reibung in Unternehmen nicht weniger groß ist als in Orchestern.

Routine ist Stillstand

Manche Mitarbeiter in Orchestern und Unternehmen werden allerdings stets auf dem beharren, was ihnen vertraut ist und was bereits gilt, da sie nur ihre maximale Bequemlichkeit im Auge haben.

Natürlich hört eine Führungskraft bisweilen deren leises, unwilliges Geraune im Hintergrund: »Jetzt müssen wir das schon wieder ändern, obwohl es doch bis jetzt auch so ganz gut geklappt hat.« Aber eine neue Führungskraft will verbrauchte, altbewährte Strategien hinter sich lassen und den Abläufen ihren persönlichen Stempel aufdrücken. Solange dies nicht in reinen Aktionismus ausartet, ist das ein selbstverständlicher Vorgang.

Sowohl die hohen technischen Fertigkeiten der jungen Kräfte als auch die aus Erfahrung gewonnenen eingespielten Strategien älterer Kollegen ermöglichen Innovation. Die Basis dafür sind Offenheit und Neugier, auf beiden Seiten. Leider sind aber oftmals gerade die Mitarbeiter mit langjähriger Routine das größte Hindernis für jede Form der Veränderung.

Innovation verlangt den Verzicht auf Routine, und zwischen Routine, die sich fortwährend auf Altbewährtes beruft, und Erfahrung besteht ein entscheidender Unterschied:

Routine, die sich darauf gründet, wie seit Jahr und Tag im Team verfahren wird, bedeutet nichts anderes als Stillstand. Routine in diesem Sinne ist somit das Ende von Neugier und Offenheit.

Routine denkt in vertrauten Mustern und rückwärts gerichteten Strategien und verhindert somit grundsätzlich Erneuerung und Innovation bereits im Ansatz.

Der diffuse Graubereich zwischen Routine und Erfahrung wird offensichtlich, wenn langjährige Mitarbeiter sinngemäß äußern: »Ich habe die nötige Routine zu wissen, wie es geht.« Aber in vielen Fällen kaschiert dies nur eine Haltung, die jeglichen Veränderungen mit Skepsis gegenüber steht oder diese sogar gänzlich ablehnt. Der Mitarbeiter will vielmehr ausdrücken: »Die neuen Ideen sind zwar gut gemeint, aber letztlich mache ich so weiter wie bisher«.

Eine reiche Erfahrung macht es nicht entbehrlich, sich kontinuierlich dem Wandel zu stellen und sich offen auf veränderte Bedingungen einzulassen.

So verstanden wird Erfahrung für eine sinnvolle Umsetzung neuer Strategien eben nicht zum Hemmschuh, sondern macht im Gegenteil Innovationen erst möglich. Zusätzlich übt sie eine Art von Qualitätskontrolle im Voraus aus.

Erfahrungen befinden sich in stetem Wandel, sie sind nicht in Stein gemeißelt, da sie ja kontinuierlich mit neuen Erfahrungswerten gefüttert werden. Das bedeutet gleichzeitig, dass dieser Prozess nicht plötzlich an einem bestimmten Punkt zum Erliegen kommt und von diesem Augenblick an nur noch die Routine zählt, die sich dann hauptsächlich auf Altbewährtes besinnt. Ein erfahrungsbereiter Mensch bleibt flexibel und offen.

Bremser erkennen, motivierte Mitarbeiter fördern

Dem Gespür der Führungskraft vorbehalten bleibt die Kunst, zwischen einer gesunden Skepsis der Mitarbeiter, die aber nicht auf bloße Verhinderung des Neuen ausgerichtet ist, und einer prinzipiell ablehnenden, blockierenden, weil zurückgerichteten Einstellung zu unterscheiden. Beide Haltungen treten nicht selten in ähnlichem Gewand auf.

Wenn sich Mitarbeiter an irgendeinem Punkt nicht mehr weiter entwickeln wollen, dann kaschieren sie oft ihr Desinteresse für Neues und die notwendigen Veränderungen, in dem sie sich auf ihre langjährige Routine berufen.

Gerade innovationsfeindliche Mitarbeiter tarnen sich gerne und überaus geschickt mit der Aura einer effizienten und langjährigen Erfahrung. Eine Führungskraft kann erkennen, dass erfahrungshungrige, hoch motivierte Mitarbeiter die notwendigen Veränderungsprozesse trotz einer gewissen hinterfragenden Skepsis meist begrüßen, denn sie sehen darin auch neue Chancen für sich selbst. Auch wenn gerade diese Mitarbeiter mehr einfordern, also insgesamt vielleicht »anstrengender« sind. Aber letztlich kann eine Führungskraft auf sie bauen. Sie sind das Kapital eines Unternehmens und verdienen die nötige Unterstützung.

Ich denke, jede Führungskraft kennt diese Situation: Man ist neu im Unternehmen und fest entschlossen, sich schnellstmöglich einen Überblick zu verschaffen. Die Orientierung fällt anfangs schwer, zu viele Informationen sind auf einmal zu verarbeiten. In dieser Phase ist man dankbar für ein freundliches Entgegenkommen eines Kollegen. Es entsteht eine Art erster menschlicher Verbindung, obwohl man gleichzeitig versucht, eine professionelle Distanz beizubehalten. Kurze Zeit später merkt man, dass gerade dieser Kollege den eigenen Bemühungen im Wege steht.

Es ist dann nicht einfach, das Ruder herumzureißen und von einer gewissen Nähe wieder in die notwendige nüchternkritische Distanz zu wechseln, die einem den nötigen Handlungsspielraum zurückgibt. Gleichzeitig wird einem bewusst, dass der Kollege den Kontakt nur aufgebaut hat, um den vorausgeahnten Konsequenzen rechtzeitig vorzubeugen.

Nichts führt bei hoch motivierten, engagierten Mitarbeitern so zweifelsfrei und unerbittlich zum Burn-out wie das beklemmende Gefühl und die zunehmende Gewissheit, dass die Führungskraft, der sie anvertraut sind, auf geschickte, oft gut organisierte Verwalter von Besitzständen hereinfällt und die unterschiedlichen Mitarbeitertypen nicht unterscheiden kann.

Oft wird mehr Zeit benötigt, um gute Ideen und neue Strategien den Bremsern schmackhaft zu machen, als neue Entwicklungen in Teams und Organisationen zügig und zielorientiert voranzutreiben. Eine gesunde, positive Skepsis der motivierten Kräfte sollte dabei als sinnvolle Qualitätskontrolle dienen.

Eine Führungskraft ist den engagierten Mitarbeitern verpflichtet. Aber nicht selten werden einige wenige Bremser zum Zentrum einer langwierigen Auseinandersetzung, bei der die motivierten Mitarbeiter an den Rang gedrängt werden, obwohl sie die Stütze des Unternehmens sind.

Es ist meine Auffassung, dass eine Führungskraft die moralische Pflicht hat, Bremser und Ignoranten unerbittlich auszugrenzen, damit die erfahrungsbereiten, motivierten Mitarbeiter, welche die Sache tatkräftig vorantreiben, den Stellenwert bekommen, den sie verdienen.

Leistung oder Konsens

Einmal wurde ich unmittelbar nach meinem Vortrag vor Führungskräften eines großen deutschen Unternehmens von einem Zuhörer aus dem Publikum gefragt:

»Was machen Sie in so einem Fall? Da spielen also, wie ich verstanden habe, 16 Violinen in einer Gruppe zusammen. Sie, in ihrer Eigenschaft als Dirigent, haben eine andere Vorstellung von dem Stück und veranlassen daher, dass beispielsweise der Bogenstrich geändert wird. Aber zwei Personen aus diesem Team sind damit überhaupt nicht einverstanden und berufen sich dabei auf ihre langjährige Erfahrung, in dem sie sagen, sie hätten das doch bereits seit 20 Jahren auf bewährte Weise erfolgreich gespielt.«

Meine Antwort war eindeutig: »Es kann keinesfalls akzeptiert werden, dass in einer Gruppe von 16 Musikern zwei oder drei Personen die Mehrheit der Aufgeschlossenen blockieren. Vor allem, da die Mehrheit der Musiker neugierig und bereit ist, diese Veränderungen mitzutragen.«

»Sie streben also nicht den Konsens an, oder leisten Sie wenigstens Überzeugungsarbeit, um alle mit ins Boot zu nehmen?«, fragte er nach.

»Das ist schon aus Zeitgründen rein organisatorisch unmöglich«, antwortete ich, »und außerdem, was soll ich denn in dieser Zeit mit der veränderungsbereiten Mehrheit machen, die weiterarbeiten und sich nicht mit Diskussionen aufhalten will?«

»Also was machen Sie konkret?«, fragte der Herr.

»Man muss diese Minderheit ignorieren lernen«, sagte ich, »auch um die Tatkraft der anderen Mitspieler nicht durch endlose Verzögerungen auszulaugen. Falls das nichts nützt, muss man eben Klartext reden und den beiden Mitspielern im äußersten Notfall sagen: Entweder sie machen mit, oder sie gehen.«

Unentschlossene Stille im Saal.

»Also kein Konsens?«, fragte der Zuhörer insistierend.

»Es kann niemals einen hundertprozentigen Konsens in der Sache geben«, antwortete ich, »das ist Illusion.«

Der Herr ging zunehmend aus sich heraus: »Wissen Sie, wie bei Ihrer Vorgehensweise dann der Betriebsrat reagiert? Alle haben doch ein Mitbestimmungsrecht, es muss doch bei uns immer ein Konsens gefunden werden!« Und plötzlich brach es aus ihm heraus: »Was glauben Sie, wie viele sinnlose Jahre ich damit zugebracht habe, alle Seiten zu hören und Konsens herzustellen. Und gleichzeitig musste ich dabei mit ansehen, wie wir dadurch unsere besten Mitarbeiter verloren!«

Zustimmender Applaus.

Ein Dirigent muss üblicherweise innerhalb von vier dreistündigen Proben plus Generalprobe sein künstlerisches Konzept erarbeiten. Man kann nicht die Konzertkartenpreise verzehnfachen, um dem Dirigenten mehr Proben zu finanzieren, damit er genug Zeit hat, jeden einzelnen Musiker zu überzeugen und ihm persönlich die richtige Umsetzungstechnik zu erläutern. Bei solch langwierigen Probenprozessen würden ihm nicht nur die motivierten Topleute des Orchesters, sondern auch die Zuhörer weglaufen, weil sie sich die Konzertkarten nicht mehr leisten können.

Da eine Führungskraft nicht endlos Zeit hat, ihre Zielvorstellungen zu verwirklichen, muss sie zuallererst Leistung einfordern.

Da es naturgemäß weniger Spitzenkräfte als durchschnittliche Mitarbeiter gibt, haben üblicherweise die Zweitgenannten auch eine größere Lobby, wenn es darum geht, einen Konsens bezüglich der Arbeitsweise zu finden.

Man kann den Konsensfaktor nicht allein nach seinen persönlichen Möglichkeiten bestimmen, also von sich auf andere schließen. Genauso wenig darf sich eine Gruppe selbst zum Maßstab nehmen und allein auf Basis der Interessen ihrer Mitglieder die Kriterien für ein allgemeines Konsensmodell definieren.

In diesem Falle wäre das Ergebnis nicht Konsens, sondern der Sieg des Lobbyismus einer starken Gruppe. Ein Pyrrhussieg, denn man benötigt *alle* Gruppen, vor allem auch eine leistungsstarke Elite, zur Qualitätssicherung und zur Sicherung der Arbeitsplätze.

Leistung und Konsens sollten in Unternehmen kein Gegensatz sein, sie sind untrennbar miteinander verbunden. Es geht immer wieder darum, die größtmögliche Mitarbeiterzahl auf das größtmögliche Leistungsniveau zu bringen. Die Bedingungen dazu sind immer wieder anders, denn die Leistungsfähigkeit und das energetische Potenzial einzelner Menschen variieren enorm. Das ist weder gut noch schlecht, es ist einfach eine Tatsache.

Die Leistungsschwächeren werden von zu hohen Vorgaben überfordert, die Stärkeren von zu niedrigen Normen unterfordert, was letztlich Innovationskräfte blockiert. Dem entsprechend werden die einen für einen niedrigeren Konsensstandard, die anderen für einen höheren kämpfen. Aus diesem Missverhältnis ergibt sich fast zwangsläufig, dass der Durchschnitt das Maß aller Dinge wird.

Mein Ansatz in dieser Frage basiert auf einem anderen Gedanken, nämlich dem orchestralen Modell: Einheit und in der Folge Konsens schafft man nicht durch ein statisches, festgelegtes Konsensmodell, sondern durch Zulassen von Vielfalt, was im ersten Moment vielleicht als Widerspruch erscheint.

Ein vielschichtiges Gefüge aus unterschiedlichsten Qualitäten, die miteinander in Beziehung stehen, bildet aus vielen Stimmen einen Gesamtklang, in dem sich alle Beteiligten nach ihren Möglichkeiten einbringen und wiederfinden.

Leistung und Konsens dürfen nicht gegeneinander ausgespielt werden. Ich bin natürlich nicht der Einzige, wie ich in vielen Gesprächen erfahre, der sich nach einer Zusammenführung der unterschiedlichen Lager sehnt.

Es kann nicht akzeptiert werden, dass eine Instrumentengruppe oder Abteilung den Standard setzt, nur weil sie entweder von Natur aus gut hörbar, oder eben eine mitgliederstarke Gruppe ist.

Denn niemand möchte permanent einige wenige lautstarke Blechbläser hören, sondern auch die Klangfarbe eines einzelnen Fagotts oder einer dunkel klingenden Klarinette.

Ohne diese wunderbare Vielzahl an gleichberechtigten Stimmen, die in einem Wechselspiel der Kräfte miteinander kommunizieren, entstünde eine karge und seelenlose orchestrale Klangwüste.

Mitspracherechte müssen Grenzen haben

In einer Gesellschaft, in der nervtötendes Konsensgebaren und Mitbestimmungsrechte inzwischen Auswüchse angenommen haben, die zu Lähmungserscheinungen und Blockaden führen, geht es darum, auch mal zu entschlacken, um wieder die innovativen Kräfte zur Geltung kommen zu lassen.

Bei Einführung und Umsetzung neuer Konzepte oder Strukturen ist es unrealistisch zu glauben, immer alle Betroffenen überzeugen, »abholen« und »mitnehmen« zu können.

Ein Topmanager erzählte mir, dass ein Expertenteam unter seiner Führung ein Jahr lang ein neues Konzept erarbeitet hatte, das eine erstklassige Positionierung des Unternehmens am Markt langfristig absichern sollte. Nun wären er und seine Führungskräfte seit sechs Monaten ausschließlich damit beschäftigt, alle Mitarbeiter für diese Veränderungen zu gewinnen.

Ehrlich gesagt empfand ich sein Anliegen, alle mit ins Boot zu ziehen, als übertrieben ambitioniert, nachdem es sich um einen großen Konzern und nicht um ein überschaubares mittelständisches Unternehmen handelte.

Er gestand ein, dass seine Bemühungen nicht nur die verständlichen und erwarteten Widerstände, sondern eine Debatte in allen Gremien des Konzerns ausgelöst hätten, die das ganze Projekt gerade an den Rand des Scheiterns brächten. Nicht den Beschluss in Bezug auf die Neuausrichtung, sondern die erfolgreiche Umsetzung derselben. Er sagte, es sei nicht abzusehen, wann nicht mehr diskutiert werden müsse, sondern endlich gehandelt werden dürfe. Einige externe Berater seien zwar permanent im Einsatz, um das »Change-Management« firmenintern auf allen Ebenen zu coachen. Dennoch herrsche in erster Linie Verunsicherung und Frustration bei den Mitarbeitern vor.

Ich riet ihm mit einem Hauch Ironie, diesen ganzen Aufwand, alle Mitarbeiter »abzuholen«, einfach zu unterlassen.

»So einen nüchternen, kalten Pragmatismus hätte ich gerade von einem Künstler niemals erwartet!«, sagte er irritiert. Er selbst sei ein zutiefst humanistisch geprägter Mensch und wohl von einem ganz anderen Menschenbild angetrieben als ich. Zugegeben, es sei dies durchaus der schwierigere Weg, sagte er, aber er sei überzeugt, dass es der einzig richtige sei, um mit dem Change-Management am Ende langfristig Erfolg zu haben.

Dies sei nur eine Provokation gewesen, gab ich zu.

Doch ich war ihm eine Erklärung schuldig und versuchte an einem Beispiel zu erläutern, warum ich aus verschiedenen Gründen nicht immer automatisch in allen Situationen an das »Mitnehmen« und »Abholen« aller Mitarbeiter glaube:

Der Dirigent Sergiu Celibidache war am Anfang seiner Zeit als Generalmusikdirektor der Stadt München mit seinen Methoden und musikalischen Visionen sehr umstritten. Er war ein äußerst schwieriger Charakter. Auch seine Art und Weise, mit den Musikern umzugehen, kann man durchaus als problematisch bezeichnen. Einige hatten unter seinen heftigen Wutausbrüchen sehr zu leiden. Vielleicht war er der letzte Maestro, der das alte Klischee vom Dirigenten als »Zuchtmeister« nochmals bestätigte.

Seine musikalischen Auffassungen waren extrem, aber nach einiger Zeit hatte er im Orchester und im Publikum, auch in den Feuilletons, eine starke Fangemeinde. Andere lehnten seinen episch breiten, stets metaphysisch geprägten Musizierstil mangels Lebendigkeit und Spontaneität prinzipiell ab. Ich selbst liebte seinen Bruckner der früheren Jahre und auch die Klangfarben, die er aus dem Orchester bei französischer Musik herausholte.

Wenn allerdings ein gewisser atemberaubender, rhythmischer Fluss das wesentliche Element der Musik ist, wie beispielsweise bei Beethoven, dann vermisste ich bei ihm die naive Lust am spontanen, rhythmischen Ausleben.

Aber ob man nun für oder gegen ihn war, eines steht unleugbar fest: Unter seiner Leitung wurden die Münchner Philharmoniker weltberühmt. Sie gewannen an Ansehen und nach einiger Zeit schlug sich das sehr positiv in ihrem Einkommen nieder. Das Ensemble war plötzlich ein kulturelles Aushängeschild der Stadt. Selbst Konzerte in New York waren bereits Monate vorher ausverkauft. Das Orchester war stets im Gespräch.

Aufgrund seiner Persönlichkeit und Überzeugungskraft war die internationale Musikwelt gezwungen, sich an Sergiu Celibidache zu reiben und aufgrund seiner klaren musikalischen Philosophie ihre eigenen Konzepte zu hinterfragen.

Hätten alle Orchestermusiker ein Mitspracherecht gehabt, hätte Celibidache vom Orchester anfänglich nie eine befriedigende Mehrheit für seine Ideen bekommen. Die faszinierende Wirkung seiner Konzerte erschloss sich eher dem Zuhörer als dem einzelnen Spieler im Orchester, der mit den oft sehr schwierigen Vorgaben des Dirigenten individuell zu kämpfen hatte.

Wäre also über die komplexen Ideen und Strategien Celibidaches allgemein diskutiert und abgestimmt worden, diese wichtige und prägende musikalische Ära hätte niemals stattgefunden. Sie wäre von Anfang an im Keim erstickt worden.

Die Interessen eines Kollektivs zielen nicht automatisch auf Veränderung, sondern zunächst auf ein möglichst hohes Maß an individueller Bequemlichkeit bei der Arbeit, die auch die Sehnsucht nach Stabilität beinhaltet.

Und tatsächlich haben hart arbeitende, überaus kritische und visionäre Dirigenten bei den Orchestern, in denen Orchestermanager stets die Meinung der Musiker einholen, weniger Chancen. Es ist ja verständlich, dass sich Orchester zwar für einen guten, aber gleichzeitig auch pflegeleichten Dirigenten entscheiden. Bei ihrem Urteil setzen sie durchaus auf Qualität und Erfolg, aber diese sollen eher auf möglichst unspektakuläre Weise erreicht werden. Man möchte ja abends noch fit sein für die Party. Einige extreme Dirigentenpersönlichkeiten kommen daher nicht zum Zug, obwohl sie Ungewöhnliches zu bieten hätten.

Notwendige Innovationen oder Veränderungen innerhalb von Unternehmen werden von Interessengruppen zerredet, blockiert und verhindert, obwohl längst einsehbar ist, dass sie unabdingbar sind. Alle sägen am Ast, auf dem sie sitzen, und das noch dazu mit überraschend ernsthafter und gewichtiger Miene, so als würde es den Faktor Zeit überhaupt nicht geben.

Daher müssen Mitspracherechte Grenzen haben.

3. Das überstrapazierte Teamideal

Irgendwann kriegen wir
jeden Dirigenten so weit,
dass er dirigiert,
wie wir ohnehin spielen.

Aussage eines Wiener Philharmonikers

Kaum eine Job-Annonce, in der nicht explizit »Teamfähigkeit« verlangt wird. Kein Bewerbungsgespräch, in dem die Kandidatin oder der Kandidat diesbezüglich nicht genauestens erforscht werden. Nur wer integrationsfähig ist, wer seine Kompetenzen reibungsfrei und entspannt in ein Team einbringen kann, ist ein Gewinn fürs Unternehmen. Die anderen sind die Außenseiter, die Profilneurotiker, die nur ihre eigenen Interessen im Sinn haben und damit dem Team nur schaden. So tönt es überall.

Gleichheit ist Illusion

Die bange Frage »Komme ich teamfähig rüber?« schwebt daher stets wie ein Damoklesschwert über allen Köpfen. Und die meisten sind bemüht, ihre charakterliche Eignung, sich erstklassig in ein Team und in eine Arbeitsgruppe einfügen zu können, nach bestem Wissen und Gewissen unter Beweis zu stellen.

Aber wie weit klaffen hier Anspruch und Wirklichkeit auseinander? Oder hat sich die Vorgabe, in allen beruflichen Lebenslagen »teamfähig« sein zu müssen, bereits von ihrem ursprünglichen Ziel entfernt, die Effizienz und den Erfolg einer Arbeitsgruppe zu steigern?

Fördert dieser Anspruch inzwischen nicht vielmehr das Durchschnittliche, indem er das Besondere durch ein überdimensionales und unrealistisches Harmonieverständnis verhindert? Spitzenkräfte erreichen selten Großartiges, wenn ihre Ecken und Kanten zuerst abgeschliffen werden.

Für mich bedeutet richtig verstandene Teamarbeit das Einbringen der eigenen Fähigkeiten, ohne die eigene Persönlichkeit zuvor an der Garderobe abgeben zu müssen.

Echter Teamgeist beinhaltet die Erkenntnis, dass sich unterschiedliche Charaktere, Kompetenzen, Energien und Perspektiven einbringen und sich diese gleichzeitig einem gemeinsamen Ziel verpflichtet fühlen. Wesentlich ist die Einsicht, dass viele Wege nach Rom führen, und dass auf diesen Wegen nicht alle gleich schnell vorangehen.

Die verschiedenen individuellen Vorgehensweisen können überaus fruchtbare Details am Wegesrand erkennen lassen. Entscheidend ist, dass all diese Kräfte verbunden sind durch permanentes Aufeinanderhören und -reagieren, ohne das kein gemeinsames Miteinander möglich ist.

Ich werde in der Folge versuchen, mich dem Thema »Teamfähigkeit« aus verschiedenen Perspektiven anzunähern, die am Ende entscheidend sind für eine effiziente und kreative Teamarbeit.

Sie haben wahrscheinlich bemerkt, dass alle Streicher und

manche Bläser jeweils zu zweit an einem Notenpult zusammen sitzen. Diese Zweierteams bilden die kleinste Zelle des Orchesters. Es wäre allein schon vom Platzangebot her unmöglich, jedem Spieler sein persönliches Pult zur Verfügung zu stellen. Auch wenn die meisten insgeheim davon träumen und sich damit die Illusion einer Privatsphäre im Orchesterkollektiv aufrecht erhalten.

Wenn allerdings jeder von seinen eigenen Noten spielen würde, hätte dies einen peinlichen künstlerischen Nebeneffekt. Nachdem die gedruckten Orchesternoten einer Instrumentengruppe alle identisch sind, würden in diesem Fall immer alle Spieler im selben Augenblick umblättern, es würde somit die gesamte Gruppe für einige Sekunden gleichzeitig aussetzen. Bei zwei Spielern an einem Pult blättert der eine, während der andere, so gut es irgend geht, weiterspielt.

Es gibt übrigens ausgezeichnete, schnelle und geschickte »Umblätterer«, aber leider auch furchtbar schlechte. Diese wenden das Blatt entweder stets einen Hauch zu früh oder eben den entscheidenden Moment zu spät. Im schlimmsten Fall sind sie mit ihrer Blätterhand dem ungehinderten Blick des Pultnachbarn auf die Noten so sehr im Wege, dass der »Weiterspieler« dabei für einen Augenblick den Faden verliert.

Aufgrund dieser Tatsache frage ich mich seit Jahren, wie es überhaupt möglich sein kann, dass diese Momente des allgemeinen Blätterns, in denen für ein bis maximal zwei Sekunden schließlich nur die Hälfte einer Gruppe spielt, niemals hörbare akustische Löcher hinterlassen. Weder als Musikproduzent noch als Dirigent habe ich je einen Pegelabfall oder Klangeinbruch registrieren können. Wohl ein Beweis dafür, dass die Vielzahl an guten und tollpatschigen Blättertechniken ein Klanggewebe bildet, das tragfähig genug ist, den musikalischen Faden kontinuierlich fortzuspinnen. Wahrscheinlich weil der einheitliche Blättervorgang bei all diesen Zweierteams letztlich doch nicht gleichzeitig, sondern um Bruchteile von Sekunden versetzt auftritt. Ein faszinierendes Phänomen, wenn Sie bedenken, dass selbst in episch breiten, kraftvoll intensiven Streicherpassagen das Umblättern, also das Wegbrechen der Hälfte der Spieler einer Gruppe, niemals hörbar wird. Auch hier entsteht ein solider Klangteppich aus individueller Vielfalt.

Verantwortung motiviert

Im Orchester gilt, besonders innerhalb der vielköpfigen Streichergruppen, das Rotationsprinzip. Die Führungskräfte einer Abteilung haben diesbezüglich allerdings weniger Möglichkeiten. Denn sie spielen aufgrund ihrer Position ohnehin stets vorne am ersten Pult, oder manchmal hierarchisch abgestuft am zweiten, wenn eine große Orchesterbesetzung die Teilnahme aller Führungskräfte erfordert.

Meistens jedoch gehen sich die Führungskräfte so gut es geht aus dem Weg. Sie haben das Privileg, untereinander bereits im Vorfeld ihre wechselnden Führungsrollen, je nach Kompetenzen und manchmal auch Vorlieben, zu koordinieren und zu verteilen. Nachdem es meistens zwei bis vier Abteilungsleiter gibt, macht das auch Sinn, damit sie sich nicht allzu oft mit einer Position am zweiten Pult begnügen müssen, was die meisten als ihrer Stellung nicht angemessen empfinden. Denn damit nähert sich ein Vorgesetzter bereits dem Teil der Gruppe, den man *Tutti* nennt.

Jetzt verstehen Sie vielleicht die Sehnsucht einiger Orchestermusiker nach räumlich abgegrenzten, ihre Stellung deutlich hervorhebenden Bürostrukturen.

Im Tutti der Streicher wird also kräftig rotiert, und auf diese Weise suchen und finden sich die idealen, passenden Zweierkombinationen. Die Bläser haben diesbezüglich keine Probleme, sie bestehen ohnehin meistens nur aus zwei bis vier Spielern, bei denen die Positionen von vornherein feststehen.

Früher war es bei manchen, vor allem deutschen Orchestern leider üblich, dass sich die neu zu integrierenden und hochmotivierten Tutti-Streicher, die frisch aus der Ausbildung kamen, ganz selbstverständlich ans allerletzte, hinterste Pult zu setzen hatten. Inzwischen ist bei uns diese motivationstötende Tradition, die jungen Topleute gleich ins hinterste Glied zu verbannen zwar selten, aber in einigen Orchestern leider immer noch nicht gänzlich ausgestorben. Dort müssen sie dann geduldig darauf warten, bis Kolleginnen und Kollegen vor ihnen irgendwann in Rente gehen, um dann endlich einmal einen Platz aufrücken zu können.

Aufgrund dieser unseligen Regel, die nicht nach Qualitätsstandards, sondern nach Jahren der Betriebszugehörigkeit die Sitzpositionen festlegt, hat sich für diese Musikerinnen und Musiker der Ausdruck »Tuttischweine« eingebürgert. »Es ist halt so Tradition«, sagen die altgedienten Musikerinnen und Musiker, die ja selbst endlos warten mussten, bevor sie ein paar Plätze aufrücken durften. Und daher wollen sie jetzt nicht mehr weg von ihren angestammten Plätzen, die sie sich so mühsam und beharrlich erobert haben. Sie wollen nicht wahrhaben, dass sie inzwischen rein künstlerisch und technisch ziemlich abgebaut haben und ihre Schwächen kaum mehr zu überhören sind.

In Unternehmen treffe ich bei meiner Arbeit immer wieder auf dieses Phänomen. »Als junge Kraft muss man sich hocharbeiten«, hört man hierzulande oft. Dagegen wäre prinzipiell nichts einzuwenden, wenn die Praxis nicht so deprimierend wäre. Denn oft kristallisieren sich bereits nach kurzer Zeit bei einigen Berufseinsteigern großartige Qualitäten und Kompetenzen heraus, und dann wäre die Führungskraft gefordert.

Es ist Aufgabe der Führungskraft, einem jungen Talent den Weg freizuräumen, indem sie ihm Verantwortung überträgt.

Stattdessen werden junge Topleute in beschwerlichen und nicht fachlichen Ränkespielen verschlissen. Das Argument »Alle müssen lernen, sich durchzusetzen« ist oft nur der peinliche Offenbarungseid einer Führungskraft, die in ihrer Verantwortung versagt, sich selbst nicht durchsetzen kann und auch nicht zum Vorteil des Unternehmens agiert. Dieses Standardargument wirkt zwar im ersten Moment fürsorglich und durchaus sinnvoll, erfüllt aber in den allermeisten Fällen nur den Zweck, die verkrusteten Strukturen und den mangelnden Mut der Führungskraft zu kaschieren, den jungen Topleuten die ihnen zustehende nötige Unterstützung zuteil werden zu lassen.

Obwohl sich das Können und Fachwissen bei engagierten Mitarbeitern tagtäglich offenbart, werden denjenigen Vorrechte und Prioritäten eingeräumt, die schlicht auf eine längere Betriebszugehörigkeit verweisen können. Und die Topkräfte werden vertröstet, oft jahrelang. Dabei wird leicht vergessen, dass gerade die zu Spitzenleistungen Fähigen nicht viel Lust verspüren und keinen Sinn darin erkennen, sich ständig ihrer Ellbogen zu bedienen.

Toptalente haben in erster Linie Interesse an fachlichen Herausforderungen und weniger an Konkurrenz- und Ränkespielchen, die sie als reine Zeitvergeudung empfinden.

Die weniger Qualifizierten versuchen dagegen meistens auf eher unfachliche Art und Weise ihre Karriere zu befördern, und manche bringen es dabei zu wahrer Meisterschaft.

Spitzenkräfte sind zwar zielorientierter und effektiver als viele, die ihnen den Weg versperren, aber dennoch werden sie oft nur als Impulsgeber geschätzt. Man dankt ihnen zwar großzügig für ihren erstklassigen Input, aber bis sie selbst Verantwortung übernehmen dürfen, kann es trotzdem lange dauern.

Bis dahin kann es bei ihnen bereits zum Burn-out gekommen sein. Oder sie haben das Unternehmen rechtzeitig verlassen, nur weil man unfähig war, ihnen eine sinnvolle und langfristige Perspektive zu bieten. Nicht selten wandern sie ins Ausland ab.

Es reicht nicht, ein Belohnungssystem einzuführen, das denjenigen Mitarbeitern Anerkennung verspricht, die umsetzbare Verbesserungsvorschläge gemacht haben. Das ist zwar eine nette Methode, um engagierten Köpfen Spielraum und individuelle Herausforderungen zu bieten, jedoch kein Ausweg aus der Karrierewarteschleife.

Inzwischen hat es sich auch in unseren Breiten eingebürgert, innerhalb von Instrumentengruppen zu rotieren. Falls nun die junge Geigerin oder der junge Geiger ihren Job im Orchester antreten, werden sie anfangs mit verschiedenen Pultnachbarn auf verschiedenen Positionen zusammen spielen, bis sich ideale Zweierkombinationen gefunden haben. Falls die jungen Musiker ein Probespiel für eine Führungsposition gewonnen haben, dann sitzen sie selbstverständlich vom ersten Tag an vorderster Front.

Welche junge Fachkraft im Unternehmen, welcher junge Geiger im Orchester will denn nicht mitten im Zentrum des Geschehens stehen? Dort, wo die Intensität am größten ist, wo man Verantwortung übernehmen muss, wo man mitgerissen wird, aber auch die Herausforderung hautnah spürt, wo man wagen und gewinnen kann? Dafür haben sie doch die harte Ausbildung in Kauf genommen!

Solange die Jahre der Betriebszugehörigkeit mehr zählen als das hoffnungsvolle, förderungswürdige Talent einer angehenden Spitzenkraft, macht es keinen Sinn, über »Teamfähigkeit« zu reden, denn alles wird beherrscht von einer »gleichmacherischen« Geisteshaltung, in der es viel mehr um gesellschaftliche Ideologien geht, als um das Einbringen individueller Kompetenzen.

Zielstrebigkeit und Ehrgeiz sind positive Werte, auch wenn man sie häufig mit purer Geltungssucht und Machtstreben verwechselt. Misstrauisch wird unterstellt, dass Macht zum Selbstzweck wird. Es ist höchste Zeit, dass man sich für das Bedürfnis, Verantwortung und Führung übernehmen zu wollen, nicht mehr rechtfertigen muss.

Teamarbeit als Wechselspiel der Kräfte

Nur wenn die individuellen Unterschiede, Fähigkeiten, Eigenheiten und Bedürfnisse nicht ständig in Understatement-Manier kaschiert werden müssen, um damit krampfhaft ein pseudo-homogenes, ideologisch verbrämtes Teamideal aufrecht zu erhalten, kann echter Teamgeist entstehen. Menschen haben meist ohnehin ein gutes Gespür zu beurteilen, was wirklich abläuft. Und daher ist es für alle anstrengend und lähmend, ein als pure Show empfundenes Verhalten unentwegt mittragen zu müssen.

In jedem Team geht es, wie im Orchester, um die richtige Mischung und Balance.

Ein Team muss »instrumentiert« werden. Ein Wechselspiel unterschiedlicher Charaktere und Temperamente ist das Ziel. Einer spielt Geige, ein anderer Trompete, ein dritter schlägt die Pauke. Und jeder hat im entscheidenden Moment seinen Auftritt.

Die Realität zeigt jedoch, dass sich in einem Projektteam von beispielsweise zehn, fünfzehn Personen die meisten bereits nach kurzer Zeit ziemlich unwohl und verunsichert fühlen, wenn ein Teilnehmer vor guten Ideen nur so sprüht. Sofort entsteht der mulmige Druck, ebenso kreativ sein zu müssen. Diese Ausgangssituation ist manchmal schon der Auslöser für teaminterne Verkrampfungen. Besser wäre es zu akzeptieren, dass es verteilte Rollen geben muss, und zwar auf verschiedenen Instrumenten, mit ganz unterschiedlichen und mannigfachen Herausforderungen.

Die Pauke ist im Orchester nicht irritiert und verunsichert, weil sie manchmal untätig zusehen muss, wie andere mit großem Erfolg die erste Geige spielen. Daher benötigt sie auch keine Therapie, die ihr das Selbstbewusstsein stärkt. Denn sie weiß beim Spielen stets mit großer Souveränität: Mein Moment wird kommen. Und sie weiß um ihre herausgehobene Stellung.

Apropos Pauke: Viele Zuhörer haben leider keine Vorstellung vom Unterschied zwischen Pauke und Schlagwerk. Nachdem beide Gattungen auf die gleiche Weise gespielt, also angeschlagen werden, ordnen viele Zuhörer diese Instrumente automatisch der gleichen Instrumentenkategorie zu. Zum großen Leidwesen der Solopauke.

Denn dieser Job ist eine der absoluten Toppositionen im Orchester und er unterscheidet sich ganz wesentlich von den Aufgaben an Schlaginstrumenten, wie Trommel, Triangel, Becken und vielen mehr.

Eine Pauke muss ständig gestimmt werden, die Tonhöhe ist also veränderbar. Somit ist sie ein Musikinstrument, und damit unterscheidet sie sich ganz wesentlich von den unzähligen Vertretern der Schlaginstrumente, deren Tonhöhe unausweichlich feststeht. Der Paukenspieler muss ein enorm gutes Ohr haben, da er während des Stücks unentwegt seine zwei bis drei Instrumente neu stimmen muss, um ihnen viele verschiedene Töne zu entlocken. Dieses präzise Einstimmen und Vorbereiten auf den nächsten Einsatz muss überdies für Publikum und Orchester unhörbar geschehen. Es ist für den Pauker alles andere als leicht, die Pauke genau auf den nächsten erforderlichen Ton zu stimmen, unbeeinflusst vom ganzen musikalischen Treiben um ihn herum.

Ein Orchester ohne Paukenschlag wäre wie ein Fisch ohne Gräten! Die Pauke prägt das Klangbild des Orchesters, indem sie ihm Struktur verleiht. Was wäre der magisch-suggestive, kraftvolle Anfang der 1. Sinfonie von Brahms ohne Pauke: Streicher und Bläser schwelgen in sattem, vollem Klang, intensiv und breit ihr Ausdruck, die Tonhöhe steigt kontinuierlich an, strebt unaufhaltsam zum klanglichen Höhepunkt. Dazu dominant und gebieterisch die rhythmisch gleichmäßigen Schläge der Pauke, unerbittlich und stabil. Streicher und Bläser sind das Fleisch, die Pauke ist der Herzschlag, der den Körper belebt.

Es ist eine Wissenschaft für sich, mit welcher Schlagtechnik der Solopauker seinen klanglichen Beitrag leistet: Der gesamte Orchesterklang lebt ja nicht nur bei lauten, intensiven Akkorden vom integrierten Schlag der Pauke! Ob hart oder weich, hell, dunkel oder dumpf, ob trocken oder mit Nachhall, all das sind nur sehr simple Kategorien einer unglaublichen Vielzahl von klanglichen Schattierungen und Abstufungen, welche Spitzenpauker in ihrem Repertoire haben müssen. Daher sind Topleute für diese Position schwer zu finden.

Es kommt übrigens nicht nur bei Solopaukern vor, dass ein Orchester eine Führungskraft von einem anderen Orchester mit einem besser dotierten Vertrag weglockt.

Sie sehen an diesem Beispiel, dass sich die Bedeutsamkeit eines Musikers nicht an der Zahl der gespielten Töne messen lässt.

Ein Orchester demonstriert Einheit aus Vielfalt. Es ist doch keine verlockende Vorstellung, sich ein Orchester aus achtzig Trompeten, oder ein Ensemble, das ausschließlich aus Kontrabässen besteht, anhören zu müssen. Das gilt in übertragenem Sinne für alle Unternehmen.

Manche haben die Ideen, die anderen wiederum das Augenmaß und die Ruhe, diese sorgfältig auf Fehler, Umsetzbarkeit und Kosten zu durchforsten. Entscheidend ist in einem Team die Präsenz im richtigen Augenblick.

Analysen benötigen Zeit. Und die Kreativen sollten den hohen Stellenwert dieser nachträglichen Bewertung ihrer Ideen zu schätzen wissen und sich deswegen keinesfalls als Zentrum des Geschehens definieren. Denn andauernd nur einer einzigen Trompete zuhören zu müssen, so gut und schön sie auch spielen mag, wäre für das Orchester ein Alptraum! Und normalerweise lassen sich in Teams die unterschiedlichen Temperamente auch finden, die den verschiedenen Anforderungen gerecht werden können.

Es ist schlicht eine Tatsache, dass den Menschen unterschiedliche Temperamente innewohnen. Der eine Musiker spielt das Stück rasch und atemlos. Für ihn zählen Virtuosität und Feuer. Während hingegen ein anderer dabei mehr auf die Nebenstimmen achtet. Und um diese hörbar herauszuarbeiten, muss er ein viel langsameres Tempo anschlagen. Was ist richtig, was falsch?

Vielfalt ist die unleugbare menschliche Realität. Spannungen und Konflikte werden verstärkt, wenn diese Vielfalt durch falsche Harmoniebemühungen negiert wird.

Es gibt Menschen, die beides in sich vereinen: das Spontan-Kreative und das Grüblerisch-Analytische. Alles ist möglich. Schlimm ist für ein Team nur der Gruppendruck, der entsteht, wenn alle das Gefühl haben, bei den diversen Teamprozessen immer gleich engagiert beteiligt sein zu müssen, um auch harmonisch und gleichwertig in das Team integriert zu erscheinen. Denn nicht jeder ist stets kompetent für alles und jedes.

Die ehrliche Aussage »Für diese Rolle bin ich vielleicht weniger geeignet, dafür könnte ich aber diese oder jene Aufgabe übernehmen«, hat in Teams immer noch Seltenheitswert. Man will sich keine Blöße geben und nicht das Gesicht verlieren, weil man bei einem gewissen Thema nicht »up to date« ist.

Daher beteiligt man sich lieber mit sinnentleerten Worthülsen, als dass man schlicht bekennt: »Leute, hier habe ich keine Ahnung!«

Und da fast alle die Angst umtreibt, sich innerhalb der Gruppe zu blamieren, beginnt ein destruktiver Teamprozess, der keinen Fortschritt und Erfolg verspricht. Denn in der Folge setzt das Team die fachlichen Ansprüche unbewusst immer weiter herab, damit die Gefahr einer Blamage möglichst gering ist. Harmonie und Konsens werden das unausgesprochene Ziel und nicht Innovation.

Es gibt keine Höhenflüge, weil einige vielleicht nicht mitfliegen können, es gibt keine spontanen Vorschläge, die oft soviel Wertvolles in sich bergen, weil man Angst vor Fehlern hat, die andere mit Genuss aufdecken wollen. Es gibt schließlich keine ehrliche Kritik, weil man dann sogleich als Bremser verschrien wird.

Teamgeist ohne Höhen und Tiefen ist pseudo-harmonischer Durchschnitt ohne Ecken und Kanten. Ein Himmel ausschließlich voller Geigen, ohne klangliche Kontraste, ist ein langweiliges, trostloses Paradies.

Aufgrund dieser sozialen Nötigungen entstehen oft enorme Spannungen, die sich dann nicht mehr fruchtbar in fachlichen, sondern leider in menschlichen Auseinandersetzungen ein Ventil suchen. In fürsorglichen Unternehmen wird spätestens dann ein Coach engagiert. Man sollte lieber von vornherein eine Unternehmenskultur des vielschichtigen Miteinanders zulassen, in der, wie im Orchester, durch viele Stimmen ein Klangbild entsteht. Es hat keinen Sinn, allen Mitstreitern die gleichen Instrumente in die Hand zu drücken und zu sagen: »Jetzt spielt mal schön!«

Dies hat zusätzlich die bizarre Auswirkung, dass dadurch eben nicht die Qualifiziertesten in Führungspositionen gelangen. Wenn dagegen unterschiedliche Kompetenzen und Temperamente nicht unentwegt nivelliert werden, damit sie in ein pseudo-harmonisches Teambild passen, können sich die wahren Führungsqualitäten einer Person auch besser und sichtbarer herauskristallisieren.

Und das bewirkt, dass Verantwortung schließlich denen übertragen wird, die ihr auch gerecht werden können.

Einforderung von Teamfähigkeit als Drohgebärde

Inzwischen leiden die für ein Unternehmen so wichtigen Leistungsträger an einer besonderen Form der Verwendung des Begriffs »Teamfähigkeit«. Er wird gegen sie, subtil natürlich, als eine Art Drohgebärde eingesetzt, wenn ihre hohe Motivation und ihre Kompetenzen nicht mehr zu übersehen sind.

Das ist fast so, als würde ein neidisches Orchester die wichtigen und dominanten Töne im Horn unterdrücken wollen. Oder das große Solo der Oboe, das mitten in der Sinfonie den gesamten Rest des Orchesters für lange Zeit in den Hintergrund drängt und gänzlich in die Begleiterrolle zwingt. Aber diese dominierenden Solomomente sind im Orchester Alltag. Weder Dirigent noch Orchester wollen den Egotrip der Solooboe ignorieren. Im Gegenteil: Sie wollen ihrem Gesang neugierig lauschen, denn nur so können sie auf ihre Darbringung reagieren und diese mit zarten Klangnuancen unterstützen.

Spitzenkräften wird ihre »Dominanz durch Kompetenz« bisweilen zum Vorwurf gemacht. Das Einfordern von »Teamfähigkeit« ist oft der Befehl zur Selbstkasteiung, um sie einem durchschnittlichen Niveau anzupassen.

Und das alles meistens nur, um die anderen nicht zu irritieren oder zu verunsichern. Es gibt keine Statistik, die aufzeigt, wie viel Innovationspotenzial Unternehmen aufgrund einer solchen Falschinterpretation von Teamfähigkeit verloren geht.

Es ist vollkommen klar, dass ein Dirigent oder ein Vorspieler einer Gruppe sofort eingreifen muss, falls ein Topspieler das interaktive Wechselspiel aufkündigt, indem er von seinem zwischenzeitlichen Solo nicht mehr ablassen kann. Falls einer tatsächlich selbstverliebt und ungerührt laut weiter musiziert, obwohl eigentlich bereits andere die Hauptrolle übernommen haben, dann wird er sich vor den anderen Mitspielern disqualifizieren und danach verantworten müssen. Weil bei ihm etwas offensichtlich wurde, was im Orchester das vielleicht schlimmste Vergehen überhaupt ist und die Basis des orchestralen Musizierens abrupt zerstört: der Musiker *hörte* nicht mehr auf die anderen. Er nahm nur mehr sich selbst wahr, nicht mehr das aktuelle Geschehen, die Prozesse um ihn herum. Falls dieses Abgleiten ins Autistische mehrmals passiert, so wird das ernsthafte Konsequenzen für den Musiker haben. Denn das ganze Gefüge eines Ensembles bricht sofort auseinander, wenn einer oder mehrere nur mehr bemüht sind, ihre persönliche Melodie ins rechte Licht zu rücken und ihre eigenen Interessen auszuspielen.

Interaktion verlangt Offenheit

Die Basis des gemeinsamen Musizierens ist ein kontinuierliches Aufeinanderhören. Ohne dieses entscheidende Element wäre ein funktionierendes Zusammenspiel völlig undenkbar.

Aufeinanderhören ist kein Akt teaminterner Pflichterfüllung, auch kein bewusster Aktionismus, um sich möglichst teamfähig zu geben. Es ist dies ein Zustand der Durchlässigkeit und Offenheit, ein vom eigenen Tun unabhängiges Wachsein.

Bei Musikern fast ein Automatismus, der den einzelnen Spielern pausenlos signalisiert, auf welcher Position und in welcher Rolle sie sich im orchestralen Gewebe gerade befinden. Und all das geschieht im positiven und angenehmen Bewusstsein, dass die anderen auch permanent auf einen selbst hören und reagieren.

Alle Sensoren der Musiker stehen gleichzeitig auf Empfang und Senden. Dennoch führt diese geistige Offenheit nicht zu einer Verunsicherung oder ängstlichen Rücksichtnahme.

Entweder ist man Hauptstimme oder eine tragende, mit der Hauptstimme kontrastierende Nebenstimme, welche der Hauptstimme durch Widerspruch erst ihre Wirkung verleiht. Oder man schafft als Teil eines Klangteppichs im Hintergrund eine wertvolle Atmosphäre, die den Solostimmen das nötige Fundament zur Entfaltung gewährt. Man ist sich im Orchester stets bewusst: Alles ist Interaktion. Erst dadurch wird das Wechselspiel der Kräfte möglich.

Aber nicht nur die Rollen, auch die Partner und Zuordnungen wechseln unaufhörlich: Soeben spielten die ersten Violinen zusammen mit den Celli die dominierende Melodie, mit der Oboe als gleichberechtigtem Partner. Dann ziehen sich die ersten Violinen und die Oboe zurück. Die Celli bleiben aber noch für eine Weile im Vordergrund, jetzt aber gemeinsam mit der Flöte und der Klarinette, was eine neue Klangfarbe und Perspektive ergibt.

Zu glauben, dass die anderen Gruppen diese Melodien nur eindimensional begleiten, trifft nicht im Geringsten zu. Denn auch im Hintergrund gibt es mannigfaltige und stets wechselnde Abstufungen und Zuordnungen. Mal spielt die Viola eine rhythmische Begleitfigur, ohne die die Melodie ziemlich langweilig wäre, gemeinsam mit dem Fagott. Anschließend übernimmt die Klarinette, die sich soeben aus der Melodiestimme verabschiedet hat, die Rolle der Violen, aber weiterhin in trauter Zweisamkeit mit dem Fagott. Dabei treten wiederum die Celli in den Hintergrund, um gemeinsam mit der Pauke eine mysteriöse Klangfarbe zu kreieren, unterstützt von ganz leisen und tiefen Klängen der Posaunen usw.

Bitte vergessen Sie nicht, dass diese Prozesse natürlich nicht nur Gruppen betreffen, die ohnehin räumlich nebeneinander sitzen. Oft müssen beträchtliche Entfernungen zwischen den einzelnen, gemeinsam agierenden Instrumentengruppen, die sich zusammentun und wieder voneinander lösen, überwunden werden.

Wenn Musiker anfangs noch wenig Orchestererfahrung haben, kann sie die Notwendigkeit der Interaktion vor beträchtliche Probleme stellen. Denn einerseits müssen sie ihren eigenen, technisch oft anspruchsvollen Part erstklassig und fehlerfrei bewältigen, andererseits darf diese Aufgabe ihre Kräfte nicht so sehr binden, dass sie keine Aufmerksamkeit mehr für das Geschehen um sie herum übrig haben. Das wäre schlicht ein Desaster.

Logischerweise gibt es keine festgezurrte Statik und Architektur in diesem Stimmengefüge. Das wäre Langeweile pur, darauf können Musiker gerne verzichten. Immer wieder gerät die erarbeitete Struktur durch spontane künstlerische Äußerungen ein wenig aus der Balance. Wenn sich beispielsweise ein Musiker voller Leidenschaft seinem Solo widmet und dabei gar nicht bemerkt, dass er langsamer wird. Oder wenn einem Bläser in seinem Solo plötzlich, vielleicht auch vor Nervosität, die Luft ausgeht und er dadurch das Tempo leicht anziehen muss. All das ist menschlich, jede Sekunde müssen Musiker mit unvorhersehbaren Entwicklungen rechnen.

Aber gerade diese Überraschungen machen ein gemeinsames Konzert spannend und lebendig. Selten haben sie dramatische Konsequenzen, da Orchester und Dirigenten aufgrund des wachen Miteinanders auf solche Veränderungen unmittelbar reagieren können, um sie sogleich aufzufangen.

Bei erstklassigen Ensembles ist es sogar üblich, dass die Musiker eine überraschende, aber gute und sinnvolle künstlerische Äußerung eines Einzelnen aufnehmen und fortführen, indem sie diese spontan in ihre ursprüngliche Konzeption mit einbauen, um daraus dem geprobten Ablauf eine faszinierend neue Perspektive zu verleihen.

Musiker lieben es, wenn mitreißende Konzerte Neues bieten. Oder wenn der Dirigent dem in den Proben Erarbeiteten im Konzert eine zusätzliche Dimension verleiht. Oft bewirkt im Ernstfall auch die hohe Anspannung aller Beteiligten, dass sich neue Aspekte ergeben und entwickeln. Jedoch nicht konterkarierend zum ursprünglichen Konzept, sondern darauf aufbauend. Es handelt sich somit um eine sinnvolle Weiterentwicklung, die nur möglich wird, wenn sich alle im interaktiven Bewusstseinszustand befinden, also im Zustand des gleichzeitigen Aufnehmens und Sendens.

Warum aber ist dieses Wechselspiel der Kräfte in manchen Unternehmen so schwer umzusetzen?

Meistens fehlt das Wissen, dass entscheidend für den Erfolg die permanente Interaktion innerhalb von Teams ist.

Es geht nicht nur darum, seine Aufgaben nach bestem Wissen und Gewissen zu erledigen. Eine naive Gewissenhaftigkeit kann sogar kontraproduktiv sein, da der Gesamtzusammenhang dabei sträflich vernachlässigt wird.

Meine Workshops in Unternehmen haben gezeigt, dass »orchestrale« Rollenspiele das interaktive Bewusstsein fördern. Dabei üben die Teilnehmer, im Team abwechselnd verschiedene Rollen und Funktionen zu übernehmen, solistisch hervor- und wieder zurückzutreten.

In allen Unternehmen bilden sichtbare und unsichtbare Kommunikationsstrukturen die Basis für diese Interaktion. Ich meine damit nicht den E-Mail-Terror, der in seinen Auswüchsen das Gegenteil von lebendiger Interaktion ist. Man schickt mal schnell etwas los und gibt damit gleichzeitig die Verantwortung für eine weiterführende sinnvolle Kommunikation ab, denn man hat damit seine Pflicht getan und alle »informiert«. Diese Art des Informationsaustausches bedeutet nicht automatisch Interaktion.

Auch in Unternehmen geht es darum, aufeinander zu hören, zu senden, zu empfangen. Denn tagtäglich verändern sich die Arbeitsprozesse.

Man muss das orchestrale Bewusstsein als absolut vorbildlich bezeichnen, wenn man bedenkt, wie oft man in Unternehmen Informationen mühsam erfragen muss, die völlig automatisch und selbstverständlich an einen »gesendet« hätten werden sollen.

Dieses interaktive Bewusstsein könnte auch in Unternehmen verhindern, dass unzählige Arbeitsabläufe verkompliziert und Energien sinnlos verpulvert werden, weil beispielsweise mehrfach an ein und derselben Sache gearbeitet wird, ohne dass die Beteiligten davon wissen.

Man kann natürlich versuchen, die firmeninternen Kommunikationswege zu verbessern, dennoch überwindet das nicht den Kern des Problems. Denn was ich nicht kommunizieren will, aus welchen Gründen auch immer, kommt beim anderen auch nicht an. Nur lebendige Interaktion ermöglicht Koordination.

Daher kann nur das Schärfen eines orchestralen Bewusstseins beim Einzelnen den Weg für eine verbesserte Kommunikationskultur frei machen. Allein das Herumbasteln an Strukturen hilft wenig.

Abteilungsgrenzen müssen eingerissen, individuelle Ideen und Strategien müssen den jeweiligen Teams zugängig gemacht werden, damit alle im selben Takt einsteigen können, damit die Prozesse insgesamt »stimmig« werden, im wahrsten Sinne des Wortes.

Die Angst, durch eine hürdenlose Weitergabe von Informationen Macht und Einfluss zu verlieren, verschwindet dann von alleine. Das Bild eines gemeinsamen Konzerts sollte Mitarbeitern eines Unternehmens nicht mehr aus dem Kopf gehen.

Spannungen in einem Team belasten den ganzen Betrieb

Aufgrund einer ehrlichen und offenen Kommunikation bilden sich im Orchester Zweierteams, die dann harmonisch an einem Notenpult zusammenspielen. Und falls eine ideale Kombination aufgrund organisatorischer Umstände nicht möglich ist, hat diese Art der Verständigung dennoch einen entscheidenden Vorteil. Denn selbst nicht harmonierende Zweierteams können entspannt miteinander spielen, wenn sie nicht immer das »Dreamteam« geben müssen. Diese Akzeptanz der Realität ohne Lug und Trug nimmt der Situation jegliche Schärfe. Keine energieverschleißende Scheinharmonie muss vorgespielt werden. Man findet quasi auf einer höheren, souveräneren Ebene zusammen. Den positiven Effekt dieser Haltung habe ich im Kapitel »Respekt ist wichtiger als Harmonie« ausführlich beschrieben.

Auf dieser Basis bildet sich beispielsweise bei den Violinen aus sechs bis acht kleinen Zweierzellen eine homogene Gruppe von vierzehn bis sechzehn Musikern. Es leuchtet ein, dass diese aufgrund der vorhergegangenen Einschwingungsprozesse eine Einheitlichkeit hat. Und es ist auch einleuchtend, dass alle Aspekte des gemeinsamen Musizierens, wie interne Führungsprozesse, Aufeinanderhören, die Abstimmung der Bogenstriche etc. gruppenübergreifend nur möglich sind, wenn die einzelnen Abteilungen nicht permanent mit sich selbst und ihren internen Konflikten beschäftigt sind.

Nur eine in sich stimmige Abteilung hat das energetische Potenzial und vor allem die nötige innere Freiheit, auf die anderen Abteilungen orchestral einzugehen, also zu senden und gleichzeitig zu empfangen.

Der Gegenbeweis wird in den Proben offensichtlich. Falls es innerhalb einer Abteilung irgendwelche abstimmungstechnischen Schwierigkeiten gibt, dann leidet das ganze Orchester, weil alle hautnah spüren, dass diese Gruppe momentan nur für sich selbst musiziert, abgekoppelt vom interaktiven Miteinander. Diese Abteilung spielt dann wie unter einer Glasglocke, durch die von außen nichts mehr durchdringt. Ein solches Team wird von den anderen Abteilungen als autistisch wahrgenommen. Und zwar so lange, bis es seine Probleme gelöst hat.

Es ist daher nicht sinnvoll zu sagen, jede Abteilung solle sich doch besser nur mit ihren eigenen Problemen beschäftigen, die anderen hätten sich nicht einzumischen.

Nicht zuletzt aufgrund einer offenen Kommunikation gelangt man im Orchester von einer homogenen Zweierzelle zu einer homogenen Gruppe. Mehrere dieser Gruppen haben dann das energetische Potenzial, ein lebendiges orchestrales Ensemble zu formen. Und erst wenn die Chemie innerhalb der einzelnen Instrumentalgruppen stimmt, gibt es ein sinnvolles, abteilungsübergreifendes Miteinander.

Mut zu Neuem

Es gehört wahrscheinlich zur menschlichen Natur, sich bequem in einer vertrauten Geisteshaltung einzurichten, um diese dann, wenn möglich, ein Leben lang nicht mehr verlassen zu müssen.

Auch am Arbeitsplatz ist die Bereitschaft, sich Veränderungen zu stellen, nicht besonders ausgeprägt.

Als ich einmal die 4. Sinfonie von Brahms mit einem renommierten englischen Orchester dirigierte, erlebte ich hautnah dieses unbewusste Festhaltenwollen an Vertrautem und Bewährtem.

Nachdem ich bereits eine überaus erfolgreiche 1. Sinfonie von Brahms mit diesem Orchester gespielt hatte, lud man mich ein Jahr später ein, auch dessen 4. Sinfonie zu dirigieren. Nun, diese beiden Sinfonien sind von unterschiedlichem Charakter. Sehr reduziert gesagt ist die 1. eher kraftvoll, muskulös, zupackend, während hingegen die 4. Sinfonie melodramatischer, überaus sinnlich und manchmal sogar ein wenig weltentrückt ist. Dieses Werk benützen manche Dirigenten zur Selbstdarstellung, indem sie die melodramatischen Momente bis zum Exzess ausschlachten. Das bringt zwar meistens einen gewissen Publikumserfolg, aber das Werk selbst, in seiner Erhabenheit und Größe, wird den Zuhörern auf diese Weise kaum nahe gebracht.

Ich machte mich an die Probenarbeit zu einem Gegenentwurf, indem ich versuchte, das traditionelle, sentimental überfrachtete Bild dieser Sinfonie einer kräftigen Entschlackung zu unterziehen, um die verschütteten Elemente wieder hörbar zu machen.

Immer wenn ein kleines *Ritardando,* also eine leichte Verlangsamung, oder ein kurzes Anschwellen der Lautstärke anstand, machten die Musiker daraus ein großes Drama. Ich sagte ihnen, dass weniger mehr sei, und das gelte für das ganze Werk.

Interessanterweise waren Blech- und Holzbläser auf meiner Seite, da sie sich mit schlanker Wärme und sehr differenzierten Lautstärken einbringen konnten. Die Streicher waren hingegen frustriert, da sie ihr Pathos bei mir nicht ausleben durften.

Eine Konzertkritik war vernichtend: Wo waren Pathos und Schmelz, wo die große Geste, die Leidenschaft, die Emphase? Eine andere Kritik jedoch enthusiastisch: Endlich wurde das Werk einmal nicht vom Dirigenten missbraucht. Deutlich war die Architektur des Werkes fassbar. Die Höhepunkte entwickelten sich logisch aus dem Fluss usw.

Vielleicht zeigt dieses kleine Beispiel, wie tief wir alle verhaftet sind in Gewohnheiten und Traditionen, und wie selten aufgeschlossen für eine unbekannte, neue Perspektive, die uns plötzlich abnötigt, Bewährtes auch einmal zu hinterfragen.

In Teams, Ensembles und Arbeitsgruppen müssen Faktoren wie Lebendigkeit, Temperament, Neugier und Offenheit geschätzte Werte sein. So können alle mit ihren Möglichkeiten an einem gemeinsamen, tragfähigen und vielschichtigen Klangbild mitbauen.

4. Führungsprozesse

Es gibt so viele Dirigiertechniken
wie Dirigenten!
Nikolaus Harnoncourt

Selbst Musikliebhaber fragen mich oft ein wenig schüchtern und hinter vorgehaltener Hand oder nach einigen Gläsern Wein, was denn nun tatsächlich die Funktion eines Dirigenten sei. Klar, er bekäme mehr Geld, würde wohl auch das meiste Lob nach einem erfolgreichen Konzert einheimsen, aber Topmusiker wüssten doch im Großen und Ganzen, wie sie die seit Jahren vertraute Klassik zu spielen hätten. Bräuchten die wirklich das dirigentische Spektakel vor ihnen, um gute Musik machen zu können?

Das sind gleich mehrere Fragen auf einmal, also einfach mal der Reihe nach.

Was macht der Dirigent?

Es ist interessant, dass es in Bezug auf Dirigenten, ja in Bezug auf Führungskräfte insgesamt, zwei extreme Meinungen gibt. Die einen denken, ein Dirigent sei für alles zuständig, während die anderen der Überzeugung sind, ein Orchester bestünde ja ohnehin aus Profis und der Dirigent erfülle nur Repräsentationspflichten und sei daher völlig überflüssig.

Man kann einen Dirigenten mit einem Maler vergleichen, der mit seinem individuellen Pinselstrich, mit seinem Gefühl für Farben und Formen sein Werk umsetzt. Es gäbe ein ziemliches Chaos, wenn eine Gruppe von hundert Topmalern, Orchestermusikern vergleichbar, ein Bild anfertigen müsste, beispielsweise nach einer Bleistiftvorlage von Picasso oder El Greco. In der Renaissance war dieser Arbeitsstil durchaus üblich, aber bleiben wir bei den Malern der jüngeren Neuzeit.

Ich glaube, es ist sofort nachzuvollziehen, dass ein Monet oder van Gogh nicht von hundert Künstlern hätte gemalt werden können, auch wenn sie allesamt Spitzenkräfte gewesen wären. Oder gerade *weil* sie Meister ihres Fachs waren, hätte dies zu einem heillosen stilistischen Durcheinander von Pinselstrichen geführt. Endlose Streitigkeiten über Licht und Schatten, Farben und Tönungen hätten den Entstehungsprozess des Bildes endlos verzögert, wahrscheinlich sogar verhindert. Es gab ja damals noch keine Gruppendynamikseminare für kreatives Malen im Team!

Hätten die Maler das Werk gegen alle Erwartungen irgendwie vollendet, würden innerhalb eines einzigen Bildes naturgemäß unzählige Malstile auf den Betrachter einstürmen und ihn völlig verwirren. Keine klare Botschaft würde sich dem Betrachter erschließen.

Der Dirigent hat also die Aufgabe, die große Linie vorzugeben, also die Vision eines Werks, die er sich vorab erarbeitet hat.

Es ist eine Selbstverständlichkeit und fast ein Allgemeinplatz, dass jedes Unternehmen ein Konzept und eine klare Vision braucht, dennoch sind diese nicht immer deutlich erkennbar. Aber selbst wenn sich die Führungskräfte auf das objektive Unternehmensziel geeinigt haben, tappen viele Mitarbeiter oft völlig im Dunkeln, worum es letztlich geht und auf welche Art und Weise ihre Vorgaben denn angestrebt werden sollen.

Ein Dirigent bemüht sich stets darum, allen Musikern des Orchesters seine Vorstellung in allen Nuancen zu vermitteln, um sie für seine Sache zu gewinnen. Auch wenn das nicht immer gelingt, so bildet doch der Anspruch, sich künstlerisch zu offenbaren, das Fundament. Unvorstellbar, dass ein Dirigent denkt: »Ach, warum soll sich mein Konzept der dritten Flöte überhaupt mitteilen, die ist unwichtig, man hört sie ja kaum.«

Wenn das Unternehmensziel nur dem engsten Führungskreis zugänglich ist, dann sollte man sich über die mangelnde Motivation der Mitarbeiter nicht wundern. Denn jeder Einzelne will und muss verstehen können, in welchem Kontext seine Arbeit steht.

Aber leider verkommt das Wissen, welche Vision den eingeforderten Strategien zugrunde liegt, bisweilen zum reinen Insiderwissen für Auserwählte. Ich glaube, jeder kann sich das nicht hörenswerte Ergebnis vorstellen, wenn ein Dirigent nur einige wenige in seine Konzeption einweiht, diese aber dennoch mit dem gesamten Orchester umsetzen will.

Bereits im vorigen Kapitel habe ich beschrieben, wieviel Spielraum und ungezählte Möglichkeiten die Notenpartitur dem Künstler lässt. Sicherlich würden die Hörer eine Beethoven-Sinfonie selbst dann noch identifizieren können, wenn alle Musiker gleichzeitig ihre eigene Vision vom Stück umsetzen wollten. Aber was wäre das für eine Vielstimmigkeit ohne jegliche Homogenität!

Nicht Ganzheit aus Vielfalt würde entstehen, sondern ein

Gewirr von Stilen, Farben, Techniken, Bogenstrichen, ohne eine erkennbare innere Struktur und äußere Architektur.

Nur Stimmigkeit teilt sich mit

Die Frage ist: Hat nicht prinzipiell jeder einzelne Musiker das Recht, im Unternehmen Orchester seine Vorstellungen zu verwirklichen?

Dagegen spricht, dass der Zuhörer ebenfalls ein Recht und ein Bedürfnis nach einer klaren, verständlichen Botschaft hat. Denn ein gleichzeitiges Nebeneinander unterschiedlichster Konzepte überfordert das menschliche Wahrnehmungsvermögen. Selbst ein geübter Hörer kann bei entspanntem Zuhören bewusst höchstens ein bis zwei Hauptstimmen und im besten Fall zusätzlich bis zu zwei Nebenstimmen wahrnehmen. Der Rest erscheint als halbbewusster klanglicher Hintergrund.

Würde sich jede einzelne Stimme eines Ensembles gleichberechtigt selbstverwirklichen, so würde dies nur Verwirrung stiften, da sich keine Struktur mehr mitteilen kann, welche eine übergeordnete Vision erst erfassbar und erlebbar macht.

Daher kann für Orchester, für Unternehmen und Organisationen nur eine Devise gelten: Was der Zuhörer oder Kunde nicht verstehen und nachvollziehen kann, weil es entweder zu vage oder zu vieldeutig ist, das kauft er nicht ab.

Infolgedessen ist es unabdingbar, dass Mitarbeiter und Kunden eine übergeordnete Idee verfolgen können. Die Führungskraft ist für die klare Botschaft und den unverwechselbaren Stil zuständig.

Vielleicht denken Sie jetzt an zeitgenössische Kunst, in der auch ein absichtliches Chaos eine sehr bewusste Botschaft sein kann. Doch selbst ein künstlich geschaffenes Chaos benötigt ebenfalls all die Elemente einer orchestralen Balance der Stimmen, die ich in den vorigen Kapiteln ausführlich beschrieben habe. Denn gäbe es im musikalisch-künstlerischen Chaos nicht eine ordnende Hand, was im ersten Moment als heftiger Widerspruch erscheint, würden im Orchester wiederum nur die lautesten Instrumente dominieren. Der Zuhörer würde ein paar Streicher erleben, die hilf- und zwecklos versuchen, gegen die alles niederschmetternden Blechbläserkollegen anzuspielen.

Es ist äußerst faszinierend, wie unglaublich schwierig es ist, den Eindruck eines künstlerischen Chaos' bei manchen zeitgenössischen Werken hervorzubringen, ohne dass es gewollt klingt. Denn dann wäre es ja nicht mehr Chaos.

Es ist einzusehen, dass Musiker zuallererst den Klang ihres eigenen Instruments und den Output ihrer eigenen Abteilung im Auge haben und daher mit Nachdruck das Ziel verfolgen, ihre eigenen Fähigkeiten dem Publikum hörbar zu machen, wie im vorigen Kapitel ausführlich beschrieben. Und selbstverständlich hat eine Gruppe von zwölf Cellisten eine größere Lobby als eine einzelne, einsame Flöte, für die sich keine größere Abteilung einsetzt. Aber dafür gibt es eben den Dirigenten. Er vertritt auch die Interessen *der* Kräfte, die ohne seine Prioritäten setzende Konzeption kaum Gehör finden würden.

Eine Führungskraft hat die Aufgabe, das komplexe Wechselspiel aller Kräfte und Interessen auf ein Ziel auszurichten. Die Mitarbeiter müssen sich bewusst sein, dass es vor allem auch ihrem individuellen Erfolg dient, wenn sie sich in den Dienst einer übergeordneten Sache stellen.

Es muss nochmals deutlich gesagt werden: Führung bedeutet nicht, all diese verschiedenen Kräfte neutralisieren zu wollen, indem man sie entmutigt und ihre jeweiligen Charakteristika zu entschärfen versucht. Es wäre ein sinnloses Unterfangen, wenn eine Führungskraft unbewusst verlangen würde, dass alle Mitarbeiter genauso denken wie sie selbst und aus identischen Vorgaben auch die gleichen Schlüsse ableiten. Diese Auffassung wäre gegen die menschliche Natur.

Wenn Abteilungen gegeneinander antreten

Kürzlich habe ich zwischen Abteilungen eines Unternehmens vermittelt, die sich jahrelang unabhängig voneinander um die gleichen Kunden bemüht hatten. Manchmal entstand zwischen ihnen sogar eine Art Konkurrenzkampf um das beste Angebot und um die beste Lösung eines Problems. Nachdem die einzelnen Fachbereiche sogar stolz waren auf ihren unabhängigen Arbeitsstil, flog diese peinliche und ineffiziente Art der Kundenbindung erst auf, als ein Kunde in beträchtliche Interessenskonflikte kam. Am Ende war er völlig verwirrt und wusste überhaupt nicht mehr, woran er bei diesem Unternehmen war.

Anscheinend war in diesem Fall der Kunde der einzige, der den Wunsch hegte, das Unternehmen als Einheit wahrnehmen zu können.

Dies mag ein Extrembeispiel sein. Dennoch kommt es nicht selten vor, dass verschiedene Fachbereiche eines Unternehmens sich mit unterschiedlichen Lösungsansätzen einem identischen Kundenstamm widmen, ohne sich abzustimmen und ohne den Kolleginnen und Kollegen des eigenen Hauses die nötigen Informationen weiterzugeben, die Synergieeffekte ermöglichen und Multiplikatoren schaffen würden.

In meiner Zeit als Musikproduzent habe ich die unterschiedlichen Strategien der verschiedenen Abteilungen hautnah erlebt. Ich plante beispielsweise eine Klavierproduktion, und noch bevor diese stattfand, wurden bereits ein Marketingplan und das CD-Cover entworfen, auf dem der Künstler verträumt, introvertiert und in milden Farben abgebildet war.

Bei der späteren Aufnahme demonstrierte der Pianist jedoch ein stürmisches, draufgängerisches Virtuosentum. Dennoch war die Marketingabteilung stolz auf ihre ursprüngliche Strategie und überzeugt, dass sich diese gut verkaufen wird. Der junge Pianist kommt so schön, offen und freundlich rüber, das trifft genau den Publikumsgeschmack, war der Tenor.

Kunden, die die CD aufgrund des Covers kauften, waren vom Inhalt enttäuscht. Diejenigen, die das Virtuosentum des Künstlers suchten, verstanden die Verpackung nicht. Die unterschiedlichen Abteilungen des Unternehmens sprachen letztlich auch unterschiedliche Käuferschichten an, ohne sich miteinander abzustimmen. Die Sache konnte nicht funktionieren.

Es ist gar nicht so einfach, eine Marketingabteilung für den Inhalt eines Produkts zu interessieren. Zu sehr sind manche Mitarbeiter mit Verkaufsanalysen und Marktbeobachtungen beschäftigt. »Produziert ihr nur euer neues Produkt, wir wissen dann schon, wie man es am Besten an die Frau und an den Mann bringt.«

Ein einheitliches Auftreten dem Kunden gegenüber ist die Voraussetzung für Erfolg. Es wäre verhängnisvoll, wenn die einzelnen Abteilungen eines Unternehmens zwar leidenschaftlich über Konzepte und Ideen sprächen, ohne sich dabei jedoch auf eine gemeinsame Sprache zu einigen. Wohin der Turmbau zu Babel führte, ist bestens bekannt.

Abteilungsleiter dürfen sich nicht als unantastbare Könige in einem von hohen Mauern umgebenen Reich fühlen, in dem sie nicht einmal denjenigen ungehindert und offen Zutritt gewähren, die ihnen das Material für ihre Arbeit liefern.

Widerstände

»Machen Sie sich frei von dem was Sie kennen. Ich möchte etwas Neues beginnen.« Diese Aussage muss man als Dirigent einem Orchester bisweilen in den Proben zurufen, wenn man spürt, dass sie zu sehr dem verhaftet sind, was ihnen vertraut ist.

Es ist jedoch interessant, dass beispielsweise deutsche und angelsächsische Orchester vollkommen unterschiedliche Reaktionen haben, wenn sie mit neuen Konzepten und Strategien konfrontiert werden.

Hierzulande gilt die Devise: Was ich noch nicht kenne und nicht sogleich verstehe, dem misstraue ich prinzipiell.

Ganz anders beispielsweise in England. Als ich dort meine ersten Engagements absolvierte, konnte ich die Neugierde und Offenheit, mit denen einem dort die Orchester grundsätzlich begegnen, nicht sofort glauben. Diese Sache muss doch irgendwo einen Haken haben, dachte ich.

In England ist die vorherrschende Haltung: »Auch wenn wir anfangs noch nicht genau wissen, wo er hin will, er hat sich dabei sicher was gedacht.«

Ein Vertrauensvorschuss also. Und dann lässt man den Dirigenten erst einmal ungestört arbeiten. Und wenn die Musiker das Gesamtkonzept erfasst haben, meistens nach dem ersten Konzert, bilden sie sich ihr Urteil.

In Deutschland hingegen hört man bereits in den ersten Minuten, kaum dass man mit der Probe richtig angefangen hat, aus den Tiefen des Orchesters leises, unwilliges Geraune: »Kennen wir alles schon, führt zu nichts.«

Wir leben in einer Gesellschaft der Voraburteile, obwohl sich einem Mitarbeiter das Gesamtkonzept einer Führungskraft in einem frühen Arbeitsstadium überhaupt nicht erschließen kann.

Warum also diese destruktive Haltung? Es ist ein Spiel, ein Machtspiel, dass völlig losgebunden ist von Inhalten, Ideen, Visionen. Es geht nicht darum, ob ein Konzept gut oder schlecht ist, das Machtspiel wird zum Inhalt. Manche Musiker halten anfangs ein kleines Mosaiksteinchen des Konzepts in Händen und leiten hieraus bereits das große Ganze ab. Und das geschieht nur, um den Prozess künstlerischen Entstehens zu blockieren.

Leider muss dieses Machtspiel von der Führungskraft zunächst mit kleinen aber gezielten Demonstrationen ihrer Macht gewonnen werden, dann erst sind die Mitarbeiter in großzügiger Manier bereit, ihre Fühler auch mal in Richtung Inhalt und Konzeption auszustrecken.

Durch Voraburteile werden Arbeitsabläufe enorm behindert. Daher ist es erforderlich, mit Nachdruck auf Folgendes hinzuweisen:

Wenn Sie glauben, Sie wissen bereits am Anfang, zu welchen Resultaten ein Konzept führen wird, und zwar bevor die Arbeit richtig begonnen hat, dann verhindern Sie im Ansatz, dass etwas Neues entstehen kann.

Was die Wenigsten dabei bedenken: Diese destruktive Blockadehaltung befördert zwangsläufig einen Führungstyp, der seinerseits ebenfalls hauptsächlich Erfüllung darin findet, sich diesen Machtspielchen mit Leidenschaft zu widmen. Aber sollen wirklich diejenigen Führungspersönlichkeiten in die Verantwortung kommen, die ihre Virtuosität eher in Machtspielen als in der Umsetzung von Ideen beweisen?

Voraburteile unterbrechen Arbeitsabläufe auf eine nicht hinnehmbare Weise, sie zerstören Motivation und Engagement. Sie sind künstliche Hürden, die ein gutes Konzept bereits im Ansatz unterwandern und auf eine fatale Weise negativ beeinflussen: Self-fulfilling-prophecy.

Voraussetzungen für Authentizität

Eine Führungskraft muss die unterschiedlichen Fähigkeiten der ihr anvertrauten Mitarbeiter nutzen und zielorientiert bündeln.

Damit das überhaupt gelingen kann, muss die Führungskraft zuerst Akzeptanz erwerben.

Akzeptanz ist ein gebräuchliches Schlagwort. Aber eben leichter gesagt als erreicht. Akzeptanz verschafft sich eine Führungskraft, wenn sich ihre Vision dem Ensemble, das diese schließlich umsetzen soll, mitteilt. Aber damit der Geist einer Vision auch auf die Mitarbeiter überspringen kann, benötigt die Führungskraft Authentizität und Charisma.

Besonders die Forderung, authentisch sein zu müssen, ist tagtäglich in aller Munde, aber selten werden die Bedingungen aufgezeigt, wie diese Vorgabe im Berufsalltag verwirklicht werden kann.

Denn wie alle Begriffe dieser Art, so entzieht sich auch die Forderung nach Authentizität dem Befehl zur Umsetzung. Insbesondere dann, wenn dieser primär auf eine bestmögliche Wirkung zielt.

Ich nehme an, jeder von uns kennt Menschen, die ganz bewusst authentisch oder charismatisch sein wollen. Sie leben in dem Irrglauben, die zur jeweiligen Situation passende Ausstrahlung mit einem kleinen Fingerschnippen herbeizaubern zu können.

Einige versuchen sogar, ihre authentische Wirkung ganz gezielt zu steuern und einzusetzen, wie einen theatralischen Bühneneffekt in der Oper, der das Geschehen plötzlich in warme, tiefsinnige Farben taucht, um damit einen Überraschungseffekt beim Publikum auszulösen.

Ich werde in den nächsten Unterkapiteln die Voraussetzungen von Authentizität ausführen. Nur mit einer gewissen Grundausstattung kann eine Führungskraft authentisch sein. Und zwar von selbst, und ohne dass sie den nicht existierenden Schalter dafür noch lange verzweifelt suchen muss.

1. Blinde Effekte und Aktionismus vermeiden

Bei der Interpretation eines Musikstücks muss im Anfang das Ende, und im Ende der Anfang liegen.

Dieser bedeutungsschwangere Satz besagt letztlich nur, dass die Führungskraft Dirigent die Aufgabe hat, dem ganzen komplexen Geschehen im dramaturgischen Ablauf eine übergeordnete *Idee* zugrunde zu legen, die alles zusammenhält. Nicht anders als bei Unternehmensstrategien.

Das verhindert aber keinesfalls überraschende Wendungen innerhalb des Geschehens, die sich dynamisch aus der Entwicklung einer Idee ergeben.

Es wäre ziemlich schändlich, oberflächlich und egoistisch, wenn es einem Dirigenten bei der Reproduktion eines Meisterwerks einzig und allein um das Ausleben punktueller, publikumswirksamer Effekte ginge. Zugegeben, ein beträchtlicher Teil des Publikums würde ihm die Zustimmung nicht verweigern, aber dem Werk selbst würde er damit nicht gerecht werden. Anstatt einer übergeordneten Einheit würde eine Aneinanderreihung von so genannten »tollen Momenten« entstehen. Aktionismus statt Zusammenhalt.

In diesem Fall wird ein tragfähiges Konzept für ein paar kurze und gute Augenblicke verkauft. Diese müssen leider oft wettmachen, dass dem Dirigenten eine übergeordnete Idee des Werkes abgeht.

Ihm ist also kurzfristiger Aktionismus wichtiger als Inhalt. Diese Ausrichtung dient in erster Linie der Selbstdarstellung der Führungskraft, kann aber gleichzeitig sein virtuoses Handwerk demonstrieren.

Die genialen, vielschichtigen Kompositionen großer Meister können eitle Künstler natürlich allzu leicht dazu verführen, um der billigen Effekte willen den Überblick und das große Ganze aus den Augen zu verlieren.

Natürlich gehört es bei orchestraler Musik dazu, dass ein Komponist auch beeindruckende Effekte im Sinn hat. Manchmal ballt er verschiedene Themen seiner Komposition zu volltönenden, kraftvollen orchestralen Ausbrüchen. Aber die lautesten Momente sind nicht automatisch auch die Höhepunkte eines Werks.

Die weniger spektakulären musikalischen Augenblicke, in denen die Musik zur Ruhe findet, sind nicht selten die entscheidenden Gipfel. Und diese erfüllen oftmals die Funktion, die vorangegangenen Klangexzesse als oberflächliches Blendwerk und lärmendes Getöse zu entlarven.

Auch in der Wirtschaftswelt ist einem dieser Mechanismus wohl vertraut: Stückwerk statt Konzept. Diese Haltung setzt mehr auf die Wirkung von Ankündigungen als auf eine kontinuierliche inhaltliche Arbeit, in der Hoffnung, dass die Schnelllebigkeit unserer Zeit morgen vergessen lässt, was gestern noch galt. Allerdings geht diese Rechnung langfristig nicht auf, wie uns täglich bewiesen wird.

Unternehmensführer sind nie davor gefeit, mehr auf Wirkung als auf Inhalte zu setzen, und unsere Gesellschaftsmechanismen bieten ihnen dafür eine unendlich große Spielwiese. Nicht zuletzt bleibt ihnen aufgrund des enormen Erfolgsdrucks von innen und außen, der gierig Resultate und Entscheidungen quasi vom Fließband einfordert, oft wenig Zeit zu Reflexion und langfristigen Planungen.

Entscheidet sich ein Dirigent oder Unternehmer für die größtmögliche Außenwirkung, dann will er sein Publikum nicht mit erstklassigen Ideen, sondern mit knalligen Effekten beeindrucken. Diese außergewöhnlichen Momente verpuffen schnell und erzeugen keine Nachhaltigkeit.

Auch in der Musik zählt zunehmend das Spektakel. Eine erstklassige Geigerin, eine Topsängerin reichen dem Publikum nicht mehr: Sie muss überdies außergewöhnlich sexy sein. Die feinsinnigen Charakteristika und reichen Nuancen der Musik kommen zunehmend unter die Räder, weil jungen Interpreten aufgrund dieses Selbstdarstellungsdrucks der Mut genommen wird, sich diesen zu widmen.

Künstler beschleicht immer öfter die tückische Angst, dass sie die Aufmerksamkeit des Publikums verlieren, wenn bei ihren Darbietungen nicht stets wirkungsvoll die Funken sprühen. Daher setzen sie eher auf billige, leicht konsumierbare Effekte, obwohl es ihnen nicht an Talent mangeln würde, sich ernsthaft mit der Musik auseinanderzusetzen.

Alles wird zum Event. Der Eindruck ist alles, Ausdruck und Inhalt werden nebensächliches Beiwerk. Diverse Klassikradiosender unterstützen diese verhängnisvolle Tendenz. Sie servieren häppchenweise leicht konsumierbare Ausschnitte aus Meisterwerken, sie heben einige wenige »Highlights« daraus hervor. Sie setzen auf oberflächliche

Reize. Da wird aus einer Mahler-, Brahms- oder Beethoven-Sinfonie eben schnell mal das herzerwärmende Adagio herausgeschnitten und gesendet. Die verstörenden Ecksätze der Sinfonie, die dem Adagio in der Mitte des Werks erst den rechten Sinn verleihen, stören da nur bei den Tagträumen, zu denen diese weichgespülte Klassik verhelfen soll.

Aber alle verteidigen diese »Schmuseklassik« mit der Begründung, dass dies der beste und einzige Weg sei, ein neues Publikum für die Klassik zu gewinnen.

Aus meiner Erfahrung ist das Gegenteil der Fall. Diese Appetithäppchen suggerieren dem Hörer, dass Klassik stets nett, magenfreundlich und problemlos konsumierbar ist, ohne weiter zu stören. Aber wenn diese von Kuschelklassik Geprägten dann mal in einem Konzert sitzen, wo ihnen das gesamte Werk mit allen seinen Höhen und Tiefen, Ecken und Kanten dargeboten wird, sind sie meistens zutiefst enttäuscht. Denn ungeduldig müssen sie auf diese eine vertraute Melodie warten, die sie im Radio kennen und schätzen gelernt haben. Der lange Rest Musik vor und nach dieser Stelle ist nur lästig.

Vielleicht fehlt mir diesbezüglich die nötige Lockerheit, weil ich selbst Dirigent bin und daher einen hohen Anspruch habe. Allerdings habe ich das gleiche Problem mit Büchern, die aus großartigen Werken genialer Philosophen ein paar kurze, alltagstaugliche Zitate herauspicken und diese dann als die Essenz von deren Philosophie verkaufen. Ob so eine Zitatesammlung beispielsweise noch etwas mit Schopenhauers Gedankengebäude zu tun hat, wage ich sehr zu bezweifeln. Wer hat denn heutzutage schon noch die erforderliche Zeit, sich durch Schopenhauers Schriften zu quälen? Das ist wiederum die Standardausrede, der wir so gerne erliegen.

Ich bin überzeugt, dass sowohl Musik-, als auch Weisheitshäppchen nur eine Ablenkung auf sehr hohem Niveau sind, gutes Gewissen inklusive.

Wie kann ich beurteilen, wo die Grenze ist zwischen billigen Effekten, die Selbstzweck sind, und Effekten, die Bestandteil des musikalischen Inhalts sind?

Es gibt Musikstücke unterschiedlichster Art. Bei Ouvertüren oder schnellen Finalsätzen diverser Sinfonien sind effektvolle rhythmische Exzesse vom Komponisten durchaus vorgegeben.

Die Musiker werden dann vom Dirigenten zu einem schnellen Tempo angefeuert, welches sie bis an die Grenzen des technisch Machbaren führt. Die Zuhörer spüren den enormen Leistungsdruck, der dabei auf dem Orchester lastet, und am Ende ist der Jubel grenzenlos, wenn die Musiker diesen virtuosen Husarenritt bravourös gemeistert haben.

Falls man jedoch beispielsweise das Finale von Mozarts »Jupiter-Sinfonie« allein dem Kriterium der Geschwindigkeit aussetzte, würde man die faszinierend vielschichtigen Konstruktionen, Modulationen, Verarbeitungen und die inneren Zusammenhänge aller Themen, Stimmen, Harmonien der Unhörbarkeit anheim fallen lassen. Damit würde man der komplexen Genialität dieses überirdischen Musikstücks sicherlich nicht gerecht werden. Aber dennoch stellen sich am Ende vielleicht großer Jubel und Applaus ein. Mit Recht? Ja, denn die Zuhörer wurden Zeugen einer perfekten Demonstration orchestraler Meisterschaft. Das darf sie durchaus beeindrucken. Aber hörte das Publikum auch Mozarts Komposition? Nur zum Teil.

Sie lauschten zwar seiner meisterhaften Sinfonie, die so gut ist, dass sie nicht einmal durch ein aberwitziges Tempo zerstört werden könnte, aber das geniale Werk war für die

Musiker nur ein Plattform, ihre technischen Fähigkeiten auszuloten und zu demonstrieren. Der Dirigent diente nicht der Musik, die Musik diente ihm.

Ein fahler Beigeschmack bleibt, trotz des Erfolges, bei all denjenigen haften, die sich um Mozarts Musik redlich bemühen, anstatt sie von vornherein auf reine Wirkung zu trimmen.

Mozarts quasi auskomponierte Effekte sind niemals losgelöster Selbstzweck. Sie sind ein dramaturgisches Stilmittel, sie geben seiner Musik Struktur, Inhalt und Form. Seine harmonischen, rhythmischen und klanglichen Effekte bewirken in seiner Musik entweder melancholische Reflexionen oder, im anderen Extrem, spielerischen Witz, der dem versierten Hörer jedoch manchmal im Halse stecken bleibt, weil es Mozart immer wieder gelingt, ihn geschickt auf die falsche Fährte zu führen.

Und selbstverständlich fordern all diese dramaturgischen Mittel von den Künstlern eine breite Palette an virtuosem Können und ein großes Repertoire an klanglichen Ausdrucksmöglichkeiten.

Es geht daher um die Frage: Dienen Effekte einer Sache inhaltlich, oder sind sie reiner Selbstzweck, im Dienste einer optimalen Selbstdarstellung und mit den Mitteln der virtuosen Möglichkeiten?

Oft ist eine faire Beurteilung selbst Fachleuten schwer möglich. Die Grenzen zwischen billigen und dramaturgisch nötigen Effekten, die Bestandteil der Komposition sind, verschwimmen nur allzu leicht.

Auch in der Unternehmenswelt ist die Einschätzung, ob der Aktionismus von Führungskräften in erster Linie der Karriere dienen soll, oder ob dieser das Projekt selbst voranbringt, nicht immer einfach. Ein gewisser Aktionismus kann ja manchmal bei der Umsetzung eines Projekts hilfreich sein, wenn er Mitarbeiter begeistert und sich darin auch die inhaltlichen Elemente des Projekts widerspiegeln. In diesem Falle ist Aktionismus nicht abgekoppelt von Visionen oder Unternehmenskonzepten.

Spiegelt sich der Inhalt darin nicht, wird jeder Aktionismus sich schnell tot laufen. Nachhaltigkeit entsteht so nicht.

Aber darauf warten zu müssen, ob sich am Ende nachhaltiger Erfolg einstellt, kann dauern und dramatische Folgen haben. Nicht zuletzt, weil Führungskräfte ihre Irrtümer und Fehleinschätzungen bisweilen mit dem Hinweis kaschieren, dass die Früchte ihrer Handlungen doch erst viel später geerntet und verstanden werden können. Und diesem schlagenden Argument kann man wenig entgegensetzen. Dieser geschickte Konter fördert sogar noch die visionäre Aura einer Führungskraft, weil sie damit unterschwellig signalisiert, dass sie den Mut aufbringt, auch gegen den Strom der allgemeinen Meinung zu schwimmen.

Mitarbeiter beurteilen meistens rein intuitiv, was eine Führungskraft antreibt und ob sie authentisch agiert. Diese Intuition verhindert, dass eine Führungskraft Authentizität mit Erfolg simulieren, also künstlich, mit oberflächlich angelernten Verhaltensmustern, herstellen kann.

Man kann Mitarbeiter im ersten Moment vielleicht argumentativ überzeugen, aber die dem Menschen angeborene Intuition nimmt auf einer ganz anderen Ebene wahr. Und wenn man lernt, ihr zu vertrauen, liegt man selten falsch.

Einerseits lassen wir uns kurzfristig, meist kollektiv, auch von oberflächlichen Effekten überzeugen und mitreißen, weil uns diese ein willkommenes Entertainment bieten. In der Gruppe hat man eben Spaß dabei. Andererseits existiert in uns gleichzeitig eine sehr intime Wahrnehmungsform. Diese greift meistens erst dann, wenn der Mensch ganz mit sich allein ist.

In Augenblicken, frei von gesellschaftlichen Normen und Zwängen, verarbeitet man Erlebtes daher oft anders, als es die gruppendynamischen Abläufe im Vorfeld erahnen lassen: Obwohl man kurz zuvor in trauter Runde noch begeistert war von einer Präsentation, wird einem, vielleicht erst beim abendlichen Zähneputzen, plötzlich klar, dass man einem guten Entertainer oder vielleicht sogar Blender aufgesessen ist.

Ein wesentlicher Faktor von Authentizität ist etwas sehr Unspektakuläres: eine ganz und gar redliche, ernst- und gewissenhafte Auseinandersetzung mit der Materie, das ehrliche Ringen um Inhalte und das Bemühen, diese in ein umsetzbares Konzept zu zwingen. Eine solche Haltung teilt sich dem Umfeld definitiv mit, auch gegen Widerstände, obwohl vielleicht manchmal zeitverzögert, was der Sache selbst aber nicht schadet.

Heutzutage herrscht das Credo vor, sich gut verkaufen zu müssen, wenn man Erfolg haben will. Aber dies gilt hauptsächlich für punktuelle Herausforderungen, wie Bewerbungsgespräche, Pressekonferenzen etc. Das große Missverständnis besteht darin, dass dabei einfach verallgemeinert und nicht zwischen kurzfristigen und langfristigen Aufgaben differenziert wird. Denn es führt in die Irre, aus dem Druck, sich gut verkaufen zu müssen, ein Handlungsschema für verantwortungsvolle, langfristige Führungsaufgaben ableiten zu wollen.

Die zahllosen Opfer dieser »Verkauf-dich-gut-Ideologie« werden meistens übersehen und verschwiegen. Kurzfristig waren sie zwar in aller Munde, aber dann sind sie meistens ganz schnell weg vom Fenster, nicht selten für immer. Bei Künstlern ist das nicht anders. Für einige Monate werden sie hochgejubelt, dann plötzlich verschwinden sie in der Versenkung. Aber das fällt kaum auf, weil sofort die nächsten aus dem nie versiegenden Nachschub auf die Bühne geschickt werden.

Falls eine Zuhörerschaft sich von den billigen und inhaltsleeren Effekten eines schlechten Künstlers einmal abwendet, hat der Künstler die Möglichkeit, sein Publikum auszuwechseln. Dann reist er einfach weiter in die nächste Stadt, in der Hoffnung, dass man ihm wenigstens dort auf den Leim geht. Denn die Welt hat tausende Konzertsäle.

Ich denke, genau dieser Mechanismus ist leider auch der Grund, warum sich das Personenkarussell in den Führungsetagen immer schneller dreht.

2. Erfolg definieren

Ernsthafte Künstler überfordern manchmal ihr Publikum, weil sie es zwingen, auf Zwischentöne zu hören. Natürlich wäre eine blank polierte klangliche Oberfläche leichter zu konsumieren, als das Ausloten diverser Tiefen und Abgründe. Das kann ziemlich anstrengend sein.

Aber kann Erfolg ausschließlich in Dezibel gemessen werden? Sind Applaus und Jubel tatsächlich der einzige Maßstab für Musiker?

Soeben habe ich beschrieben, dass eine Wiedergabe, die mehr auf oberflächliche Effekte baut, ebenfalls positive Reaktionen beim Publikum hervorrufen kann: heftigen Applaus, Bravorufe, begeisterte Gesichter.

Aber die Wirkung einer solchen Darbietung lässt oft schnell nach. Manchmal verfliegt der Eindruck der Musik schon während des anschließenden Abendessens, manchmal sogar schon beim Verlassen des Konzertsaals, wenn man den

Mantel von der Garderobe holt. Was noch ein wenig haften bleibt, sind ein paar temperamentvolle, virtuose Stellen und die allgemeine kollektive Begeisterung, verbunden mit dem wohligen Gefühl, bei einem tollen Event dabei gewesen zu sein.

Es muss endlich akzeptiert werden: Selbst ein großer, punktueller Erfolg hinterlässt nicht zwangsläufig einen nachhaltigen Eindruck.

Muss ja nicht sein, werden Sie vielleicht einwenden, denn ein zweistündiges, gutes Entertainment erfüllt doch auch seinen Zweck. Richtig. Dennoch sollte unterschieden werden.

Ich habe Konzerte erlebt, bei denen das Publikum nur zögerlich zu applaudieren begann. Aber für die Anwesenden im Saal war spürbar, dass dies nicht aus erlebter Langeweile geschah, sondern weil die Hörer emotional zutiefst berührt waren. Diejenigen, die in einer solchen Atmosphäre, kaum dass der letzte Ton verklungen ist, sofort lautstark »Bravo« rufen und heftig losklatschen, stören in solchen Momenten die allgemein fühlbare Atmosphäre.

Im Jahre 1983 spielte ich eine unvergessliche 8. Sinfonie von Anton Bruckner. Nachdem der letzte Akkord verklungen war, Stille, sekundenlang. Und langsam wurde allen im Raum bewusst, dass wohl kein Applaus mehr einsetzen würde. Eine erhabene und gleichzeitig verstörend aufwühlende Andacht hatte den ganzen Raum erfüllt. Als das Orchester später leise aufstand – dies ist die übliche Geste, um dem Publikum seine Referenz zu erweisen –, erwartete jeder, dass diese Bewegung die Ruhe beenden und das Startsignal zu einem vorsichtig einsetzenden Applaus sein würde. Stattdessen jedoch weiterhin absolute Stille, keine Regung.

Und plötzlich, wie von Geisterhand befohlen, erhob sich

langsam das gesamte Publikum. Auf diese Weise verharrten Orchester und Publikum, vereint im Geiste einer gemeinsamen künstlerischen Erfahrung. Man erwies mit dieser Geste dem dargebotenen Inhalt, also der Musik Anton Bruckners, die Ehre. Erst an zweiter Stelle dem Dirigenten und den Musikern des Orchesters.

Später traten die Musiker langsam und ruhig von der Bühne ab. Manche Zuhörer setzten sich wieder nachdenklich auf ihre Plätze, andere gingen lautlos aus dem Saal. Nirgendwo Eile, keinerlei Hektik. Alles geschah unter dem Eindruck, den die Musik hinterlassen hatte.

Selbstverständlich macht es einen Unterschied, ob man Tschaikowskys 5. Sinfonie oder eben Bruckners 8. aufführt. Falls nach dem überwältigenden Finale in Tschaikowskys Sinfonie nicht der schiere Jubel ausbrechen würde, hätten Dirigent und Orchester definitiv etwas falsch gemacht. Tschaikowskys Sinfonie steigert sich zum Ende hin in einen nicht enden wollenden Rausch, von einem ekstatischen Höhepunkt zum nächsten. Der Hörer fühlt atemlos: Jetzt kann es nicht mehr kraftvoller und packender werden, jetzt kann sich die musikalische Ekstase nicht mehr steigern. Dennoch erfindet Tschaikowsky unentwegt neue orchestrale Ausdrucksmittel, um die Euphorie weiter anzufeuern.

Umgekehrt hätte der Dirigent ebenfalls etwas missverstanden und irgendwie falsch gemacht, wenn das Publikum am Ende einer fast metaphysischen Bruckner-Sinfonie unvermittelt in ekstatischen Jubel ausbrechen würde.

Für mich bedeutet künstlerischer Erfolg, dass sich das Wesen der Musik in der Reaktion des Publikums widerspiegelt.

Davon abgeleitet könnte man sagen, unternehmerischer Erfolg stellt sich ein, wenn sich ein stimmiges Produkt in den

Bedürfnissen und Anforderungen der Kunden widerspiegelt – und umgekehrt.

Das entscheidende Merkmal erfolgreichen und wertorientierten Handelns ist, dass man sich ehrlich und mit all seiner Erfahrung um das Wesen der Musik, beziehungsweise um die bestmögliche Umsetzung einer unternehmerischen Vision bemüht, ohne permanent nur den eigenen Vorteil, den Machterhalt und die Karriere im Auge zu haben.

Und selbstverständlich gibt es diese Manager, vor allem im Mittelstand sind sie zahlreich anzutreffen. Von der Öffentlichkeit kaum wahrgenommen, arbeiten sie kontinuierlich am Erfolg ihres Unternehmens. Ihr Leitfaden ist ihre Idee, ihre Vision, der sie ihr Handeln unterordnen. Nicht Selbstdarstellung ist Sinn und Zweck ihres Strebens, sondern der langfristige Erfolg. Meistens liegt ihnen das Wohl ihrer Angestellten sehr am Herzen. Verantwortung ist der Maßstab für ihre Entscheidungen.

3. Werte suchen, der Sache dienen

Wir verstehen uns heute perfekt auf den Wertekonsum: Man ruft sich häppchenweise vortreffliche Werte ab, je nach Bedarf, Lust und Laune. Wie aus dem Tiefkühlregal holt man sich den einen oder anderen Wert in den geistigen Warenkorb, wie er gerade ideal zur beruflichen oder privaten Verfassung passt. Das beruhigt das Gewissen ungemein.

Werte sind nicht grundlegendes Fundament für eine Lebenshaltung, sondern eher Zusatz, eine Art künstlicher Farbstoff, um den eigenen Lifestyle ein wenig aufzupeppen. Darin liegt das entscheidende Problem.

Die Definition von Werten verkommt zunehmend zur Spielwiese für Ideologen. Alles ist möglich, alles ist zu haben. Nur dummerweise das eigene Bewusstsein nicht.

Denn erst die individuelle Werteerfahrung bringt tatsächlich Veränderung, alle anderen Spiele sind nur Mäntelchen, die man sich überstreift, manche sind ja auch überaus preisgünstig zu haben.

Auch wenn es altmodisch anmutet, man kommt nicht daran vorbei: Wert hat es, wenn man um Inhalte mit bestem Wissen und Gewissen ringt. Das schafft Authentizität. Und auf diesem Fundament haben tragfähige Konzepte eine große Wirkung nach innen und nach außen.

Leider hat in den letzten Jahrzehnten ein Dirigententyp überhand genommen, dem die Aufgabe, der Diener einer großen, verehrungswürdigen Komposition zu sein, einen minderen Wert darstellt. Manche Dirigenten lenken mit ihrer Show bisweilen so sehr vom eigentlichen Kunstwerk ab, dass beim Publikum unterschwellig der Eindruck entsteht, das Stück wäre ursprünglich vom Dirigenten selbst komponiert worden. Der eigentliche Schöpfer der Musik kann sich nur in Ausnahmefällen gegen diesen Missbrauch wehren, weil er meistens nicht mehr unter den Lebenden weilt.

An dieser Stelle möchte ich Ihnen eine kleine Geschichte erzählen: Als meine Dirigierkarriere in England gut anlief, ließ ich mir meine Haare extrem kurz schneiden. Ein vielleicht etwas törichter Protest gegen all die Klischeemaestros, die mit wehenden Haaren und Künstlerlocken das Publikum betören. Denn mir ist seit meiner Jugend bewusst: Wenn ein Dirigent die Haare ekstatisch im Rhythmus der Musik schüttelt und wirft, dann denken viele im Publikum sogleich verzückt, dieser müsse doch wohl ein ganz großer Künstler sein. Diese Vorstellung war mir stets zuwider.

Eines Abends, bei einem Empfang nach einem Konzert, wies mich ein Pianist, der zuvor Rachmaninows 2. Klavierkonzert mit meiner Orchesterbegleitung gespielt hatte, nachdrücklich darauf hin, dass mein eher pragmatischer Kurzhaarschnitt eines Dirigenten völlig unwürdig wäre. Meine Erscheinung wirke dadurch auf der Bühne einfach nicht richtig künstlerisch und expressiv. Viel zu sachlich fürs Publikum, betonte er augenzwinkernd.

Er selbst war mit einer schier unbezwingbaren Löwenmähne gesegnet, die er nicht selten dafür einsetzte, von seinen technischen Mängeln am Klavier abzulenken. Man konnte von Folgendem ausgehen: Je intensiver er sein Haupthaar beim Klavierspielen schüttelte, desto höher die Wahrscheinlichkeit, dass er bald mit technischen Problemen zu kämpfen hatte. Bald erahnte ich bereits im Vorfeld, an welchen schwierigen Stellen er mit heftigen Kopfbewegungen die spieltechnischen Hürden zu umschiffen ansetzte. Wenn ich als Dirigent dem Publikum nicht immer den Rücken zukehren würde, hätte ich höchstwahrscheinlich leicht sehen können, wie seine Fans während seiner Haardramaturgie in bewundernde Verzückung gerieten. Verehrer mit pianistischen Kenntnissen haben aber wahrscheinlich in diesen Augenblicken ihrerseits die Köpfe geschüttelt.

So wie einige Dirigenten die Musik manchmal zur dramaturgischen Begleitmusik ihrer publikumswirksamen Showeinlagen degradieren, so vergessen manche Wirtschaftsführer oft genug ihren eigentlichen Auftrag zum Wohle des ihnen anvertrauten Unternehmens, indem sie bisweilen die Inhalte und Werte eines Unternehmens mit kurzfristigen Sonnenkönigentscheidungen konterkarieren. Auf diese Weise vergewissern sie sich ihrer Macht, dadurch wird sie für sie erlebbar und fühlbar.

Manche basteln sich Weltkonzerne. Sie kaufen Firmen auf, bei denen selbst phantasievolle Träumer keinerlei Synergieeffekte mehr erkennen können. Dabei schlagen sie jegliche Warnungen von unabhängigen Fachleuten in den Wind.

Und irgendwann, meist viel zu spät, werden sie von äußeren Umständen gezwungen zu akzeptieren, dass sie das Kerngeschäft, also die tragenden Säulen des Konzerns, bei ihren Monopolyspielchen völlig außer Acht gelassen und vernachlässigt haben. Aber inzwischen sind die Säulen längst verwittert, sie drohen einzustürzen und alles andere mit sich ins Verderben zu reißen.

Manche Spitzenkräfte in Wirtschaft und Musik empfinden den Gedanken des Dienens als ihrer unwürdig. Sie wollen nicht der Musik dienen, sondern die Musik soll den Hintergrund für ihre Aktivitäten bilden, wie der Soundtrack in einem Western beim heldenhaften Duell der einsamen Giganten.

Ganz anders bei diversen Wochenendseminaren, weitab vom Berufsalltag. Nach einer Bergwanderung unter kompetenter Führung, im herbstlichen Abendlicht, ist es gestattet und erwünscht, über Themen wie »Ethik« und »Moral« zu sprechen. Wertediskussionen, sinnvollerweise räumlich geschickt abgetrennt vom Alltag. Alles zu seiner Zeit. Man gönnt sich dann nicht nur Ausflüge in Täler mit reißenden Flüssen, sondern auch in gedankliche Tiefen, eine Art geistiges Wildwasserpaddeln. Wohl wissend, dass man diese philosophischen Sphären sofort wieder verlassen muss, falls zwischendurch mal das Mobiltelefon klingelt. Dieses Signal zwingt die Manager, den Schalter im Kopf kurzfristig wieder umzulegen. Rücksichtsvoll treten sie während ihres Telefonats dann vor die Tür der Seminarhütte, um Fakten und Entscheidungen nüchtern übermitteln zu können, ohne die anderen Teilnehmer von ihren Reflexionen abzulenken. Das Leben ist unerbittlich, denken sie mit einem Hauch von Selbstmitleid, aber es muss eben sein.

Wenn sie aus dem Schnee vor der Hütte zurückkehren ans lodernde Kaminfeuer erhabener Gedanken, können sie sich wieder ungestört der Rhetorik zuwenden, die völlig abgekoppelt ist von ihrer Arbeitsrealität.

Dienen scheint mit Assoziationen besetzt wie »Unterwürfigkeit«, »in der Hierarchie nicht ganz oben stehen«, »Befehle empfangen müssen«.

Doch einem Unternehmen dienen zu wollen, ist weder schändlich, noch stellt diese Haltung eine bedauerliche Schwächung des Führungsanspruchs und des eigenen Selbstverständnisses dar. Es gibt Unternehmer und Manager, zweifelsohne auch großartige Künstler, die sich dieser Bewusstseinshaltung des Dienens verpflichtet fühlen, ohne dass dabei ihr Selbstwertgefühl leidet.

4. Innehalten als Führungsqualität

Vergegenwärtigen Sie sich den wunderbaren Satz: *Das Wichtigste in der Musik sind die Pausen.* Dirigenten, die Angst vor diesen Augenblicken der Stille haben, über sie vielleicht sogar atemlos hinwegstolpern, weil sie fürchten, die Aufmerksamkeit des Publikums zu verlieren, zerstören die Architektur eines Musikstücks in seinen Grundfesten.

Erst die Momente des Ausatmens, des Innehaltens ermöglichen, dass sich die Struktur und der emotionale Inhalt eines Musikstücks dem Hörer erschließen. Alles andere ist Hetzen, ist Getriebensein. Die menschliche Dimension der Musik geht dabei verloren.

Es gibt diesen Aktionismus des Handelns, der ablenken soll von inhaltlicher Leere, Stillstand und Phantasielosigkeit, nicht nur in der Kunst und in der Wirtschaftswelt, sondern in allen Lebensbereichen.

Ich denke, jeder von uns kennt Situationen, in denen man sich das Leben voll stopft mit Terminen, Pflichten, Hobbys, obwohl dringend Reflexion angesagt wäre. Man flüchtet, man hat Angst vor den eigenen Einsichten, die sich aufdrängen und deren Gegenwart man intuitiv spürt, aber man schlägt sie in den Wind. Selbst der Caféhausbesuch wird zum reinen Pflichttermin, kaum zu unterscheiden von beruflichen Meetings, da man schnell noch den Freund, die Freundin treffen *muss*, mit der man dann ein Privatthema nach dem anderen gewissenhaft abarbeitet. Freundespflicht erfüllt, weiter zum nächsten Termin.

Keine Zeit mehr für Muße und Tagträume, welche die Basis sind für Kreativität, Ideen, Inspiration!

Man geht zwar segeln, was den Anschein von Wonne und Vergnügen hat, nimmt aber besser den Verhandlungspartner mit, um keine Zeit zu verlieren. Und bei bester Brise dominiert dann der Druck, dass einem hoffentlich kein falsches Wort über die Lippen kommt, welches den Gesprächserfolg konterkarieren könnte.

Das ganze Leben wird zum Pflichttermin. Aktionismus und Effekthascherei überall. Wir leiden darunter, machen aber dessen ungeachtet bereitwillig mit. Ein Teufelskreis, eine Spirale der Selbstentfremdung.

Ständige Betriebsamkeit ist nicht nur anstrengend und ermüdend, nach einer Weile wird sie unerträglich. Dennoch verweilen Manager oft in diesem Zustand, er führt bei ihnen nicht selten zum Burn-out, schlimmstenfalls zu einer immerwährenden gesundheitlichen Beeinträchtigung.

Führungsprozesse, die in permanentem Aktionismus aufgehen, nehmen Schaden, weil sie sich vom menschlichen Rhythmus abkoppeln, dem der Führungskraft und dem ihrer Mitarbeiter.

5. Überzeugungen und Wahrhaftigkeit

Ich werde bisweilen von Bekannten mit leicht spöttischem Unterton gefragt, wie ich überhaupt wissen könne, dass mein Konzept von einem Musikstück, von dem ich ja durch und durch überzeugt bin, auch das richtige sei. Nicht selten werfen sie mir meine musikalischen Gewissheiten vor, beispielsweise in Bezug auf das von mir anhand der Noten erkannte »richtige« Tempo oder die »richtige« orchestrale Balance.

Diese Frage kann einen ziemlich leicht auf die falsche Spur führen. Denn was sie mir eigentlich sagen wollen, ist Folgendes: »Wie kannst du dir überhaupt erlauben, von deiner Version überzeugt zu sein, wenn es gleichzeitig so viele andere Konzepte, noch dazu von viel berühmteren Kollegen gibt, die zu ganz anderen Schlüssen kommen. Wie kannst du so ignorant sein, deine persönlichen Erkenntnisse für *wahr* zu halten, so als hättest du mit Beethoven gesprochen oder die Weisheit für dich gepachtet.«

Ich bin der Auffassung, dass es nicht um Wahrheit geht, sondern um Wahrhaftigkeit. Wahrheit ist ein so großes Wort und ich glaube nicht, dass irgendein menschliches Wesen je den Anspruch erheben sollte, im Besitze dieser zu sein. Aber wenn ich mich redlich um ein Musikstück bemüht habe und zu einer Überzeugung gelangt bin, dann können in guten Konzerten Augenblicke der Wahrhaftigkeit entstehen. Diese haben teil an einer Wahrheit, die zwar nicht zu greifen, in guten Augenblicken aber zu erahnen ist.

Wahrhaftigkeit teilt sich Musikern und Zuhörern mit. Selbst wenn Künstler bei ihrer Interpretation in neue, nie gehörte Dimensionen vorstoßen, ein künstlerischer Moment ist unmittelbar und gegenwärtig, wenn er wahrhaftig ist. Und Wahrhaftigkeit ist gleichzeitig authentisch.

Es ist ein Hauptproblem unserer Zeit, täglich mit so vielen unterschiedlichen Meinungen, Lebensentwürfen, Weisheiten und Wahrheiten konfrontiert zu sein, dass wir uns eine persönliche Festlegung kaum mehr erlauben wollen. Alles ist jederzeit möglich – aber auch das Gegenteil davon.

Um stets aufnahmefähig sein zu können für die vorherrschende und wechselnde Meinungsvielfalt, brauchen wir natürlich Toleranz, so sagt man. Das klingt so fabelhaft positiv, aber ich hege Zweifel am heutigen Toleranzbegriff, der als Freibrief für Austauschbarkeit fungiert. Der Mut zu individuellen Überzeugungen schwindet, oder sie werden als unbedeutende Privatmeinungen im uferlosen Meer der Möglichkeiten abqualifiziert.

Alles ist relativ, sagt man so gerne. Aber diese Beliebigkeit befördert eine Art der Toleranz, die vom Wesen her der Ignoranz sehr ähnlich ist.

Vielen erscheint es als Widerspruch, einerseits zu einer Überzeugung gelangen zu wollen, andererseits zu wissen, dass diese am Ende unzählige Gegenmodelle hat. Warum sich dann überhaupt noch festlegen?

Da ohnehin alles möglich ist, alle Haltungen und Überzeugungen irgendwie ihre Berechtigung haben, muss ich mich um nichts mehr kümmern, um nichts mehr selbst bemühen. Es wäre doch sinnlos, ja fast arrogant, allen möglichen Einstellungen zusätzlich noch meine ganz persönliche hinzuzufügen. Das braucht doch keiner. Da picke ich mir doch lieber, der Einfachheit halber, einige Überzeugungen aus dem vorhandenen Angebot heraus. Wenigstens wurden die schon mal auf ihre Tauglichkeit getestet. Ob sie nun zum eigenen Charakter passen oder nicht, ist dabei nicht wichtig.

Werte und Überzeugungen werden verstärkt konsumiert, bei gleichzeitiger Distanz zu ihnen. Denn nur diese ermöglicht es, bei Bedarf gewisse Ansichten schnell zu verwerfen oder zu wechseln. Und diese selbstentfremdete, entwurzelte Haltung wird von unserer Gesellschaft als große Errungenschaft gefeiert, da sie vermeintlich den Überblick über die verschiedenen Lebensformen wahrt.

Aber es ist eben kein Widerspruch, einen eigenen, klaren Standpunkt zu haben und gleichzeitig zu wissen, dass es parallel dazu auch andere gibt, ja geben muss. Denn erst in diesem Widerstreit können sich Meinungen bilden.

Falls sich jemand erdreistet, an eigenen Überzeugungen trotz Widerständen festzuhalten, dann kommt sofort der Vorwurf, blind gegenüber anderen Möglichkeiten zu sein.

Ich möchte betonen, dass starke Grundsätze nie in Beton gegossen sind, sondern selbstverständlich dem steten Wandel unterliegen. Aber diese Tatsache sollte wiederum nicht als Ausrede herhalten müssen, sich erst gar keine bilden zu müssen, aus Angst, dass bereits morgen nicht mehr gilt, was heute noch war.

In der Wirtschaftswelt stellen die bereits andernorts erprobten Strategien für Führungskräfte eine große Hürde dar, falls sie selbst von anderen Lösungsansätzen überzeugt sind, die sie dann nur schwer durchsetzen können. Immer wieder wird an sie die Frage gerichtet: »Das ist ja ganz neu. Wie können Sie wissen, dass es auch funktioniert?«

Diese Entgegnung provoziert, dass ein Manager lieber auf Bewährtes zurückgreift, also andere Erfolgsmodelle nachahmt. Manche Führungskräfte haben infolgedessen kaum

Spielraum für neue Ideen, die nicht bereits bekannt und erprobt sind. Auch ihre Überzeugungsarbeit läuft hierbei oft ins Leere, da sie in einer Welt von Zahlen und Fakten schwer mithalten kann. Neues wird dann oft vorschnell als unzumutbares Risiko abklassifiziert. Und dann beginnt das bekannte Trauerspiel auf Basis des so genannten »Machbaren«.

Doppelsinnig wirft man Managern ihre mangelnde Authentizität vor, nachdem sie vom Vorstand oder Betriebsrat gezwungen wurden, ihre Überzeugungen auf ein Maß zurückzuschrauben, in dem sie sich kaum mehr wiederfinden.

Es wäre ein Irrtum zu denken, dass es einer *authentischen* Führungskraft sicherlich gelungen wäre, den Vorstand von ihren neuen Ideen zu überzeugen. Dieses Verständnis von Authentizität greift zu kurz. Denn auch Irritationen und Verunsicherungen aufgrund von Widerständen können absolut authentisch sein.

Es scheint wohl die absurde Meinung vorzuherrschen, Authentizität würde eine Art von allumfassender Perfektion auslösen, der niemand etwas entgegenzusetzen hätte. Falls man also authentisch wäre, dann gelänge alles spielend leicht. Unsinn.

Manager können sich natürlich Ratgeber kaufen, um Erfolgsrezepte nachzuahmen. Dirigenten können sich eine CD von Herbert von Karajan anhören und versuchen, seine Interpretation eines Stücks nachzudirigieren, anstatt zu versuchen, sich ihr eigenes Konzept zu erarbeiten. Ein solcher Imitator wird von einem Orchester leider prompt entlarvt. Da Musizieren auf Lebendigkeit und wachem Aufeinanderhören basiert, wird es schnell offensichtlich, wenn ein nachahmender Dirigent ein vorgefertigtes Programm abarbeitet, das nicht aus ihm selbst heraus entstanden ist. Karajans Konzept ist ja ebenfalls das Produkt einer mühevollen Entwicklung, wobei sich im leuchtenden Endergebnis, das dem Imitator vorliegt, weder Erdreich noch Wurzeln der Arbeit seines Vorbildes offenbaren, sondern einzig die Krone des Baumes sichtbar wird.

Ein Nachahmer hat zwar Karajans Ergebnis im Kopf, aber dennoch nicht die geringste Chance, die akustischen und technischen Erfordernisse bei seiner Arbeit damit in Übereinstimmung zu bringen. Er wird nicht nachvollziehen können, wie Karajan selbst in jahrelanger Erfahrung zu seiner Auffassung gelangt ist.

Das Orchester spürt, dass der Dirigent nicht von seiner inneren Überzeugung angetrieben wird, sondern von einer angelernten Vorstellung, die ihn völlig unfrei im Handeln und Reagieren macht.

Ebenso wird es sofort spürbar, wenn Manager diverse Theorien mechanistisch abarbeiten, was sie in ihrem Handeln den Mitarbeitern gegenüber unfrei macht, da sie stets das Damoklesschwert der selbst auferlegten Vorgaben im Hinterkopf haben.

Und wenn der Inhalt dieses Selbst-Controlling nicht mit ihrem Charakter, ihrer Persönlichkeit verschmilzt, dann mangelt es ihnen an Authentizität, was wiederum die Mitarbeiter sofort spüren.

Überzeugungen bilden sich durch Widerspruch. Als junger Geiger im Orchester war ich hin und wieder ziemlich irritiert, wie mancher Dirigent ein Musikstück so absolut gegen mein Gefühl gestaltete. Wenn dieser seine mir fremde Auffassung mit starken Argumenten begründete, dann wurde ich sogleich herausgefordert, mein noch vages Gefühl bezüglich des Werkes ebenfalls in eine klare Konzeption zu übersetzen, um der Auffassung des Dirigenten argumentativ auf gleicher Ebene begegnen zu können. Und je stärker die

Überzeugung, je unerbittlicher die Argumente des Dirigenten waren, desto mehr war ich gezwungen, herauszufinden, was ich eigentlich selbst mit diesem Stück anfangen wollte.

Nur durch klar formulierten und begründeten Widerspruch können sich Überzeugungen bilden. Und keinesfalls durch einen verschwommenen Toleranzbegriff, der stets freundlich Verständnis äußert, wo ausschließlich das Beziehen einer klaren Position die nötige Erleichterung verschaffen würde.

Bevor ich mein Fazit ziehe, welche Faktoren Authentizität befördern, möchte ich auf einen Führungstyp hinweisen, der die Mitarbeiter mit authentischem Einfühlungsvermögen und Menschlichkeit bezaubert, selbst dann noch, wenn bereits Entscheidungs- und Tatkraft gefragt wären.

»Sie sind ja so ein wunderbares erstklassiges Topensemble«, spricht der Dirigent am Anfang einer Probe. »Ich bin dankbar, mit Ihnen arbeiten zu dürfen. Daher werde ich zuerst einfach mal sehen, was Sie mir anzubieten haben, dann finden wir schon, ganz entspannt, einen gemeinsamen Weg.«

Unglaublich, welchen Respekt er unserer Qualität und Tradition entgegenbringt, denkt das Ensemble. Die Probe beginnt. Der Dirigent beeindruckt die Musiker mit der edlen Eigenschaft, ihnen richtig zuhören zu können; mit offenen Augen und Ohren reagiert er auf ihr Spiel, behutsam und unaufdringlich.

»Respekt, das ist ein ganz Großer«, sagen die Musiker. Als es aber nach der Pause auf gleiche Weise weitergeht, beschleicht sie ein komisches Gefühl. Jetzt könnte er langsam durchblicken lassen, was er eigentlich will, anstatt uns immerfort nur spielen zu lassen, denken sie. So angenehm es auch ist, irgendwie ist es auch reine Zeitverschwendung.

In der zweiten Probe rechnet das Orchester voll und ganz

damit, dass von nun an nicht mehr allein ihr künstlerisches »Angebot« abgefeiert wird, sondern der Dirigent auch mal mit seiner persönlichen Vision herausrückt. Dafür wird er ja bezahlt. Fehlanzeige. Immer noch pinselt der Maestro demütig, unaufdringlich und freundlich vor sich hin, ohne auch nur den Hauch eines eigenen Konzepts preiszugeben.

Plötzlich wendet sich das Blatt, denn das Feedback ist im Orchester erfahrungsgemäß unmittelbar. Keiner der Musikerinnen und Musiker denkt jetzt noch an die menschliche Größe des Dirigenten. Alle haben nur noch Sehnsucht nach einer Konzeption, sie wollen endlich Führung, wenigstens eine Idee! Aber schnell wird ihnen klar, dass diesbezüglich von dieser Führungskraft nichts zu erwarten ist.

Liebenswürdigkeit und Einfühlungsvermögen einer Führungskraft können eine Masche sein, um ihre völlige Konzept- und Überzeugungslosigkeit zu verschleiern. Auch wenn sie anfangs dafür sehr geschätzt wird, am Ende wird sie durchschaut und abgelehnt.

Fazit: Eine Führungskraft ist authentisch, wenn spürbar wird, dass es ihr allein um die Sache geht. Daran ist nicht zu rütteln. Authentizität entscheidet sich für Werte und nicht für Effekthascherei und unterscheidet klar zwischen Selbstzweck und Inhalt. Sie muss nachhaltigen und nicht punktuellen Erfolg anstreben, auch wenn dieser sich gegebenenfalls einer guten Vermarktung und öffentlichen Wirkung entzieht. Eine Führungskraft muss lernen, innezuhalten, denn dies ist die Basis für Inspiration, wie ich im nächsten Kapitel beschreiben werde. Sie darf nicht einem atemlosen Aktionismus verfallen, der zwangsläufig in oberflächliche Posen und ein synthetisches Image mündet. Dies wäre Gift für eine authentische Ausstrahlung, denn wir müssen akzeptieren:

Menschen nehmen vor allem intuitiv wahr, was Führungspersonen im Innersten bei ihrem Tun antreibt. Auch wenn heutzutage eher suggeriert wird, dass eine punktuelle Überzeugungsarbeit und eine tolle Show schneller zum Ziel führen. Kurzfristig mag das gelten, langfristig setzt man damit aufs falsche Pferd. Und letztendlich ist es an der Zeit, dass der Aspekt des »Dienenwollens« nicht zur Standardfloskel in Antrittsreden degradiert wird, sondern tatsächlich ins Repertoire des Managerbewusstseins aufgenommen wird. Und außerdem sollte der Mut, um eigene Überzeugungen und Konzepte zu ringen, nicht einer Beliebigkeit beziehungsweise Pseudoflexibilität zum Opfer fallen.

Mit einigen dieser genannten Aspekte, die sich häufig gegenseitig bedingen, wäre für ein authentisches Auftreten schon viel erreicht.

Freiheiten zulassen

Der Dirigent muss im Geiste der Musik Freiheiten zulassen. Insbesondere benötigen die Solostimmen im Orchester künstlerische Freiräume, wobei der Dirigent auf sie eingehen muss.

Aber er muss sich darauf verlassen können, dass die einzelnen, bisweilen aus dem Kollektiv ins Rampenlicht tretenden Solostimmen sein Gesamtkonzept nicht unterlaufen oder konterkarieren. Denn letztlich kann er nichts dagegen tun, wenn die Flöte bei ihrem kurzen Solo ihr Tempo aus einer Laune heraus so sehr beschleunigt, dass sein vorheriges Tempo ad absurdum geführt wird, und er nach dem Solo nicht mehr in sein ursprüngliches Tempo zurückkehren kann, ohne dass die ganze Struktur des Werks zusammenbricht.

Freiheit darf für den einzelnen Musiker nicht Selbstzweck sein. Freiheit kann nur in dem Sinne verstanden werden, dass eine einzelne Solostimme ihre persönliche Stimme zwar einbringt, aber stets im Kontext des bereits zuvor Entstandenen und Erlebten, also im Kontext einer stetigen Entwicklung, die vor dem Musiker, der sich entfalten will, begonnen hat und nach ihm weitergeht.

Es geht also um die Weiterführung einer übergeordneten Entwicklung aus individueller Perspektive. Diese individuelle Leistung muss unzweifelhaft als ein Baustein im Gefüge des gesamten Projekts begriffen werden, auf Basis gegenseitigen Vertrauens zwischen Dirigent und Musiker.

Die Solostimme muss dabei Sorge tragen, dass der allgemeine Entwicklungsgang fortgeführt werden kann, nachdem ihre individuelle Leistung erbracht worden ist.

Allerdings demonstrieren manch krampfhafte Bemühungen in Bezug auf Selbstverwirklichung nicht den Freiheitswillen des Einzelnen, sondern vielmehr nur eine gewisse Profilierungssucht auf Kosten anderer. Im schlimmsten Fall sind es Profilneurosen.

Freiheit darf nicht als Freibrief verstanden werden. Eine freie Entfaltung kann letztlich nur im Zusammenhang eines Bewusstseins fürs Ganze gesehen werden. Ob nun in Orchestern oder Unternehmen.

Selbstverständlich wird auch der Dirigent von starken, individuellen Äußerungen beeinflusst. Ausschlaggebend ist dabei, dass eine gewisse provokative künstlerische Individualität nicht nur dem Interesse des einzelnen Spielers dient, sondern dem gemeinschaftlichen kreativen künstlerischen Ablauf.

Umgekehrt darf der Dirigent in den Proben auch nicht großspurig ankündigen, er ließe gewisse Freiheiten, während er dann im Konzert plötzlich die Zügel straff anzieht, bis manchen Solisten im wahrsten Sinne des Wortes die Luft wegbleibt.

Selbst innerhalb eines rein orchestralen Werks ist der Dirigent nicht »Gott«, wie viele glauben. Musik lebt vom orchestralen Klang einerseits, aber gleichzeitig von den individuellen Solostimmen, die immer wieder für entscheidende Augenblicke aus dem kollektiven Musikstrom hervortreten.

Erst diese Wechselwirkung von kollektivem Klangbild und individuellen Äußerungen einzelner Solostimmen ergibt in den allermeisten Kompositionen die Dramaturgie, ermöglicht die Perspektivwechsel.

Wenn ein Dirigent den Orchestersolisten nicht ihren nötigen Freiraum gibt, so führt das unweigerlich zu Frustration.

In den Proben kristallisiert sich für das Orchester das Konzept des Dirigenten heraus, und natürlich äußert er auch deutlich, wie er sich die Soli vorstellt. Dennoch entwickelt sich bereits in diesem Stadium eine Interaktion zwischen Dirigent und Solostimmen. Eine Solooboe hat naturgemäß ihren persönlichen Stil und Charakter, und es wäre letztlich undurchführbar, wenn der Dirigent vom Oboisten das Gegenteil von dem verlangen würde, was dessen Qualität ausmacht.

Bis zu einem gewissen Grad baut der Dirigent also die Persönlichkeit dieser Solostimmen in seine Gesamtkonzeption mit ein. Nicht alles ist daher im Vorfeld bin ins letzte Detail planbar. Stellt sich der Dirigent an einer dramaturgisch wichtigen Stelle beispielsweise einen scharfen, schneidenden Oboenklang vor, und zeigt sich in den Proben, dass die Spielerin oder der Spieler einen extrem weichen Ton hat, dann wird das auch für den Dirigenten Auswirkungen auf das unmittelbare Davor und Danach im sinfonischen Ablauf haben. Der Dirigent wird leichte Korrekturen an seinem Konzept vornehmen müssen, um den weichen Oboenklang harmonisch zu integrieren.

Gleichzeitig hat der Dirigent im Konzert wenig Einfluss darauf, was der Künstler aus den in den Proben getroffenen Vereinbarungen macht. Er ist auf die individuelle künstlerische Qualität der Oboe angewiesen, die sich logischerweise nur entwickeln wird, wenn sie sich mit ihrem Solo identifizieren kann. Umgekehrt kann sich die Oboe nicht auf eine Weise selbstverwirklichen, die das Gesamtkonzept des Dirigenten völlig der Beliebigkeit und Willkür preisgibt.

In Unternehmen ist es inzwischen üblich, dass Führungskräfte gleich bei ihrer Antrittsrede ankündigen, dass ihre Türe stets offen stünde für alle. Und manchmal werden diese Worte von einigen Mitarbeitern ganz ernst genommen. Es dauert bisweilen Monate, bis die Mitarbeiter die Lage durchschauen.

Denn tatsächlich sind sie anfangs jederzeit mit ihren Anmerkungen willkommen, sie werden nicht abgewiesen, die Führungskraft bestätigt ihnen die Wichtigkeit ihres Inputs und bestärkt sie, diesbezüglich nicht nachzulassen, denn solch engagierte Mitarbeiter würde ein Unternehmen unbedingt benötigen.

Nach einiger Zeit merken die Mitarbeiter dann, dass sie zwar gehört werden, aber ohne jegliche Auswirkungen. Sie registrieren, dass nicht der geringste Ansatz zu erkennen ist, ihre Erkenntnisse umzusetzen. Das führt zu existenzieller Frustration.

Dieses Beispiel lässt mich an den Finalsatz der 4. Sinfonie von Beethoven denken. Darin gibt es ein kurzes, schwieriges Solo des Fagotts, welches ab einem gewissen Tempo selbst erstklassigen Spielern den Schweiß auf die Stirn treibt.

Der ganze Satz ist sehr rasch und rhythmisch geprägt. Und plötzlich, kurz vor Ende des Stücks, macht Beethoven etwas ziemlich Unverschämtes: Nachdem sich das ganze Orchester im kollektiven Rausch gesteigert hat, hört es plötzlich unvermittelt auf. Nur der arme Fagottist bleibt ganz allein übrig und muss, jetzt für alle hörbar, eine schwierige Passage bewältigen. Das kann, je nach Basistempo, an der Grenze des technisch Machbaren liegen.

Wer weiß, was sich Beethoven dabei gedacht hat, vielleicht wollte er einen bestimmten Fagottisten bloßstellen?

Das Verhalten mancher Vorgesetzter, die so leichtfertig mit ihrer offenen Tür werben, erinnert an einen Dirigenten, der in den Proben dem Fagottisten allen erdenklichen Mut macht, indem er ihm wärmstens erklärt, dass er sich im Konzert keine Sorgen machen müsse, denn er würde bei seinen schwierigen Takten einfach ein wenig das Tempo zurücknehmen, sodass er die Passage problemlos bewältigen könne. Dieser Hinweis löst große Erleichterung beim Fagottspieler aus.

Aber im Konzert denkt der Dirigent nicht im Geringsten daran nachzugeben. Schonungslos und voller Elan peitscht er sein Tempo durch, um den dramaturgischen Fluss nicht zu unterbrechen. Der Fagottist, ein erfahrener alter Hase, kann sich nur mit seiner Improvisationskunst retten.

Nicht gehaltene Freiheitsversprechen seitens der Führungskraft führen unweigerlich zum Burn-out. Es gibt Grenzen von freier Entfaltung, und in diesen Fällen ist es besser, wenn die Führungskraft reinen Wein einschenkt, und nicht Freiheiten suggeriert, wo es keine geben kann.

Manchmal steht die Tür einiger Vorgesetzter den Mitarbeitern so weit offen, dass es kalt durchs Büro zieht und schon ein kleiner Windstoß all die schönen Konzepte vom Tisch fegt.

Es ist also besser, sich als Führungskraft nicht hinter Floskeln von Großzügigkeit und Freiheitsversprechen zu verstecken, die man nicht halten kann. Die klare Aussage: »Hier kann ich leider nicht nachgeben und auf sie Rücksicht nehmen«, kann zwar eine spontane Verärgerung bei Mitarbeitern auslösen, aber langfristig durchaus frustverhindernd wirken.

Im obigen Beethovenbeispiel hat der Dirigent selbst wenig Spielraum. Er kann ja nicht den ganzen Satz von Anfang an so langsam dirigieren, dass zwar das Fagott die Stelle problemlos bewältigt, ihm dafür aber das Publikum einschläft.

Bisweilen ist der Dirigent künstlerisch und technisch in einer reinen Begleiterrolle, wenn er, wie beschrieben, einzelne Solostimmen, die aus dem orchestralen Gewebe hervortreten, unterstützt und in sein eigenes Konzept integriert.

Der Dirigent kann aber auch im Schulterschluss mit dem Orchester externen Instrumentalsolisten als Hintergrund oder kreativer Widerpart dienen. Die Musikliteratur bevorzugt hier Pianisten, Geiger und Sänger, die naturgemäß dann *ihre* Vision von *ihrer* Arie, oder von *ihrem* Konzert umsetzen wollen. Der Dirigent hat in diesem Fall die Funktion, die Vision der Solisten zu ermöglichen und sich dabei ganz in den Dienst ihrer Sache zu stellen.

Üblicherweise trifft sich der Dirigent beispielsweise mit einem Pianisten, schon bevor die Orchesterproben beginnen. Dann erläutert der Pianist dem Dirigenten genau, wie er sich sein Klavierkonzert vorstellt. Der Dirigent vermerkt diese Angaben in seinen Noten. Meistens muss er parallel dazu seine alten Notizen ausradieren, die von der Arbeit mit einem anderen Pianisten herrühren, der von ihm vielleicht das Gegenteil verlangt hatte, beispielsweise was die Tempi betrifft.

Der Dirigent muss sich, wenn er mit dem Orchester Solisten begleitet, stets neu einstellen, er muss sich dabei auch von seinen das Werk betreffenden persönlichen Vorlieben lösen können, denn das Klavierkonzert »gehört« allein dem Pianisten. Dieser hat das absolute Vorrecht auf seine Interpretation, nicht nur in Bezug auf den Klavierpart, sondern auch im Hinblick auf die orchestralen Belange, die ja ebenso die Vision des Werks ausmachen.

Dennoch verliert der Dirigent bei diesem Prozess nicht die Führung über das Orchester, aber er übt diese aus, indem er dem Solisten die bestmögliche Unterstützung für dessen Konzept angedeihen lässt. Der Dirigent stellt somit die künstlerische Einheit zwischen Solisten und Orchester her.

Manche Solisten variieren ihre Tempi im Konzert, ein Tribut an die kreative Spannung, die ein Konzertauftritt bei Künstlern auslöst. Der Dirigent muss mit höchster Konzentration auf all diese Veränderungen reagieren und das Orchester sofort »abfangen«, denn die meisten Orchestermusiker hören den Solisten schlecht, manchmal fast gar nicht, wenn er leise spielt und sie räumlich weit entfernt sitzen.

Die Führungskraft Dirigent tritt also nicht stets als Dominator, sondern auch als Begleiter und Koordinator in Erscheinung. Diese Rolle wird in der Oper am Offensichtlichsten. Das Orchester sitzt im Orchestergraben, visuell abgeschnitten vom Geschehen auf der Bühne und mit schlechtem akustischen Kontakt zu den Sängern. Beim Dirigenten laufen daher alle Fäden zusammen. Manchmal auf komische Weise. Vielleicht haben Sie schon bemerkt, dass ein Liebespaar in der Oper, welches gerade eine Arie mit zärtlichsten Treueschwüren singt, selten authentisch rüberkommt. Trotz innigster Liebe sehen sie sich nicht einmal in die Augen, weil sie unentwegt in Richtung Dirigent starren müssen, damit sie im Rhythmus bleiben.

Beleuchten wir am Beispiel der Oboisten einen eher technischen Aspekt von Freiheit. Nicht nur sie haben mit den Tücken und Eigenarten ihres Instruments zu kämpfen, was sich dem Publikum kaum offenbart. Oboisten müssen nicht nur Musiker, sondern gleichzeitig auch geschickte Handwerker sein. Denn das Mundstück, in das sie blasen, Rohrblatt genannt, erfordert eine pflegliche Behandlung. Das Rohrblatt wird meist aus dem im Mittelmeergebiet wachsenden Pfahlrohr gefertigt. Es sind zwar Basisrohrblätter für Oboen im Handel, dennoch sind Oboisten stets gezwungen, diese mit feinen Werkzeugen nachzubearbeiten, bis sie zu ihrer Blastechnik passen. Wenn sie also nicht spielen, nehmen sie sofort ihr Mundstück ab und stecken es in ein kleines Fläschchen, um es feucht und geschmeidig zu halten. Ein trockenes Rohrblatt klingt nicht. Daher befinden sich neben den Notenpulten der Oboisten, auch im Konzert, kleine Ablagen für ihre Miniwerkzeugkoffer, die allerlei Utensilien enthalten. Vor allem finden sich darin mehrere Reservemundstücke, denn diese Rohrblätter halten nicht lange und gehen oft in den unpassendsten Situationen kaputt. Wenn sich im Konzert ein Riss im Mundstück ankündigt, dann müssen Oboisten das Mundstück schnellstens auswechseln können.

Und während andere Instrumentengruppen die Probenpausen genießen, sieht man Oboisten meistens konzentriert an ihren Rohrblattmundstücken herumbasteln.

In manchen Konzerten verändern sich die äußeren Bedingungen, sodass es schlicht katastrophal wäre, wenn der Dirigent nicht auf das Orchester hören und reagieren würde. Angenommen, das Konzert wird vom Fernsehen aufgezeichnet, dann wird es aufgrund der Scheinwerfer oft unerträglich heiß auf der Bühne. Die Luft wird trocken – und leider gleichermaßen das Rohrblatt des Oboisten. Das kann dazu führen, dass die Spielerin oder der Spieler das Tempo bei ihrem Solo um Nuancen schneller gestaltet, als in den Proben vereinbart. Aber der Dirigent wird darauf aufmerksam reagieren und diese kleine künstlerische Abwandlung mit dem begleitenden Orchester unterstützen.

Es wäre schlicht ignorant vom Dirigenten, stur auf seinem Tempo zu beharren, mit dem Effekt, dass der Solist sich unwohl fühlt, nicht mehr frei spielen kann und dadurch vielleicht sogar Fehler macht.

Diese Form der Interaktion ist im Orchester Alltag. Alle reagieren in Bruchteilen von Sekunden aufeinander, wie selbstverständlich reißt der Faden des Miteinanders nie ab. Man fühlt und hört unentwegt, was sich im Orchester tut. Manchmal genügt dem Dirigenten ein kurzer Blick zu einem Musiker, der vor einem schwierigen Solo steht, um genau zu spüren, in welche Richtung sich dessen Spiel entwickeln wird.

All diese beschriebenen interaktiven Führungsaufgaben zeigen klar auf, dass Führung niemals eine Einbahnstrasse sein kann. Aber ziehen Sie daraus nicht die falschen Schlüsse! Es geht dabei nicht darum, sich der Führungsverantwortung zu entziehen oder diese aufzugeben.

Die Sorge, dass eine lebendige Interaktion zwischen Führungskraft und Mitarbeitern einen Autoritätsverlust bewirkt, ist Unsinn. Dass Gegenteil ist der Fall.

Betrachten wir die Realität. Es steht niemals außer Frage, dass allein das Konzept des Dirigenten umgesetzt wird und dass er die Last der Gesamtverantwortung trägt. Ebenso ist klar, dass der Dirigent entscheidet, wann Freiheiten innerhalb des Konzepts möglich sind. Dem widerspricht nicht eine offene, durchlässige Gesinnung der Führungskraft, die sich darüber im Klaren ist, dass Führung nur erfolgreich sein kann, wenn sich ihr Konzept der Organisation mitteilt und dieses dann aus den Realitäten heraus entwickelt wird.

Damit meine ich beispielsweise, dass ich von einem französischen Orchester nicht von vornherein einen mir entsprechenden Beethoven verlangen kann, der unerbittlich unsentimental, gleichzeitig aber in entscheidenden Augenblicken frei und nuanciert klingt, wie es bei manchen deutschen Orchestern selbstverständlich ist. Umgekehrt kann es viel Arbeit sein, mit nichtfranzösischen Orchestern einen auf Klangfarben basierenden Stil bei Debussy oder Ravel zu kreieren, den wiederum die französischen Ensembles mitbringen. Aber es entsteht in diesen Fällen nicht automatisch etwas Schlechteres, sondern einfach etwas Anderes und Neues.

Und dafür muss eine Führungskraft offen sein.

Es gibt nicht *ein* Erfolgsmodell

Verständlicherweise wird permanent versucht, den ultimativen Weg zum Erfolg zu beschreiben, beziehungsweise den Erfolgsfaktor schlechthin herauszufiltern. Am Ende einer solchen Analyse muss häufig jedoch auf die individuelle Prägung eines Unternehmers oder Managers hingewiesen werden, der sich auf ungewöhnliche Art und Weise mit seinen Ideen durchsetzt und sich somit der Festlegung auf bestimmte Erfolgskategorien entzieht.

Es ist mir unverständlich, wie manche Trainingsmethoden sich heutzutage immer noch auf ein einziges Erfolgsmodell stützen, mit einigen Varianten natürlich, um Vielfalt zu suggerieren, anstatt die individuellen Prägungen der Teilnehmer zu stärken. Ich erlebe bisweilen, dass mittels Power-Point-Präsentationen Zehn-Punkte-Programme an die Wand geworfen werden, die den Zuhörern eines Vertriebstrainings beispielsweise nicht nur die einzig zielführenden und »wahren« Verkaufsargumente, sondern gleich auch noch die strategisch perfekten Pausen innerhalb der erbarmungslos vorgeschriebenen Texte mit auf den Weg geben.

Natürlich muss betont werden, dass viele erstklassige Trainer und Coachs nicht mit solchen Methoden der Reduktion arbeiten, dennoch scheinen sich einige Unternehmen von einer Scharlatanerie dieser Art immer noch etwas zu versprechen. Leider zum großen Nachteil der verfügbaren Toptrainer auf diesem Gebiet.

Sicherlich gibt es gewisse Grundvoraussetzungen in Bezug auf ein richtiges Auftreten dem Kunden gegenüber oder im Wechselspiel zwischen Führungskräften und Mitarbeitern, aber die psychologischen Strategien können keinesfalls alle über einen Kamm geschoren werden.

Musikern wird nur deswegen mehr Individualität zugestanden, weil eine gewisse Exzentrik ohnehin zum Künstlerimage gehört. Aber auch ihnen gibt die gesellschaftliche Erwartungshaltung einen viel engeren Spielraum, als viele glauben. Das Publikum erwartet ja förmlich, dass Künstler irgendetwas Auffallendes an sich haben, welches dann schnell zur Schublade, zum Klischee und zu einer Art Uniformierung wird.

Um einen Eindruck zu gewinnen, was Uniformierung in

der Wirtschaftswelt bedeutet, muss man nur einmal die Abendmaschine beispielsweise zwischen Hamburg und München nehmen. Alle Outfits, inklusive Rollkoffer, sind wie von Geisterhand aufeinander abgestimmt, auch das Mienenspiel der Passagiere ähnelt sich auf verblüffende Weise. Es beschleicht einen das dumpfe, und natürlich völlig ungerechte Gefühl, dass diese gleichgeschaltete kollektive Ausstrahlung auch tagsüber im Büro wenig Raum für unverwechselbare Kreativität und Spontaneität lässt.

Um ein wenig Ihre Lust zu befördern, auf Ihren persönlichen Erfolgsstil zu vertrauen, möchte ich Ihnen ein paar Beispiele gegensätzlicher Dirigententypen anführen, die auf ganz unterschiedliche Art und Weise erfolgreich waren und sind. Es handelt sich dabei selbstverständlich um die exemplarischen Vertreter des jeweiligen Typs, in der Regel trifft man auf Mischformen. Etwaige Assoziationen zu ihnen bekannten Führungskräften aus der Wirtschaft sind erwünscht und müssen nicht zusätzlich erläutert werden.

- *Ein Virtuose* wie Maestro Lorin Maazel gibt präzise jeden Einsatz. Jedes kleinste Detail, jede orchestrale Nuance obliegt seiner permanenten Kontrolle. Selbst Begleit- und Nebenstimmen werden mit deutlicher Zeichengebung beglückt. In gleichem Maße fordert der virtuose Typ von den Führungskräften des Orchesters die absolute Perfektion in Bezug auf ihre Verantwortungsbereiche ein. Sie müssen sich permanent mit dem Dirigenten abstimmen, also an ihn »reporten«. Einerseits fühlt sich das Orchester bei diesem Maestro geborgen, weil es stets weiß, woran es ist. Andererseits haben die Musiker wenig Spielraum. Selbst die kleinste individuelle Ausschmückung kann bei ihm Unbehagen auslösen, das er auch unmittelbar mit verächtlichen Blicken ausdrückt. Aber nicht, weil die individuelle Note des Musikers nicht in sein Konzept passen würde oder insgesamt schlecht gewesen wäre. Nein, die simple Tatsache, dass etwas außerhalb seiner allumfassenden Kontrolle geschieht, ist für ihn nicht hinnehmbar. Nichts überlässt er dem Zufall. Das führt dazu, dass man bisweilen die Wärme in der Musik vermisst, auch das Loslassen, das bei mancher Musik so eminent notwendig ist. Aber das wird bei ihm durch einen faszinierend kompakten Orchesterklang wettgemacht, der durch seine Brillanz besticht. Sein extrem hoher Anspruch, sein Perfektionismus birgt natürlich ein Risiko, denn dadurch darf er sich selbst nicht den geringsten Fehler erlauben. Seine Augen sind überall. Er ist ein Kontrollfreak, aber mit fachlich höchster Kompetenz und einem faszinierenden Überblick über das gesamte orchestrale Geschehen.

Nicht auszudenken, was passieren würde, wenn ein weniger kompetenter Dirigent dem Orchester mit dieser Haltung gegenübertreten würde.

- *Der Undeutliche* verliert sich dirigiertechnisch nicht in Details, ihn interessiert die übergeordnete Linie, der große Atem der Musik. Der wunderbare Dirigent Wilhelm Furtwängler war dafür ein gutes Beispiel. Dieser Dirigententyp will, rein technisch gesehen, gewisse orchestrale Abläufe erst gar nicht kontrollieren. Das hat den fabelhaften Effekt, dass die Musiker infolgedessen gezwungen sind, noch besser aufeinander zu hören und zu achten, als sie es ohnehin schon tun. Sie müssen ihren konstanten Blickkontakt, ihre interaktiven Abstimmungs- und Führungsprozesse mit höchster Konzentration auf die Spitze treiben, um den scheinbaren Mangel des Dirigenten auszugleichen. Aber genau das will er mit seinem Dirigierstil erreichen, nämlich die Eigeninitiative des gesamten Orchesters verursachen und befördern, damit ein dichter innerer Zusammenhalt des Ensembles entsteht. Gleichzeitig zwingt er damit die Musiker, sich ganz und gar dem künstlerischen Inhalt zu widmen, ohne sich in technischen Details zu verlieren. In der Folge ergibt dieser Dirigierstil ein lebendiges Miteinander, das dennoch streng auf ein Ziel ausgerichtet ist.

Ein aus künstlerischen Gründen schlagtechnisch undeutlicher Dirigent ist jederzeit in der Lage, in schwierigen Situationen auf seine Technik zurückzugreifen. Aber im Fluss der Musik ordnet er seinen Dirigierstil allein seinen künstlerischen Zielen unter, denn ein musikalisch-künstlerisch zwingender, aber rein technisch unklarer Einsatz kann eine ganz spezielle klangliche Wirkung im Orchester entfalten.

Leider verstehen manch angehende Dirigenten dieses Beispiel fälschlicherweise als Freibrief für eine prinzipiell unverständliche Dirigiertechnik und vernachlässigen sträflichst, sich eine bessere anzueignen. Der junge Dirigent sagt sich: Wenn ein großer Mann wie Furtwängler damit Erfolg hatte, dann brauche ich auch keine Technik zu erlernen, das kann ich dann schon irgendwie mit dramatischen Gesten kaschieren. Er wird definitiv scheitern.

– *Der Selbstdarsteller* kommt gut rüber, solange das Publikum nicht die Augen schließt, um sich der Musik hinzugeben. Dieser Dirigententyp zieht im Konzert alle Register, damit die Zuhörer zu Zusehern werden und ihr Interesse an seinen Posen und Gesten nicht nachlässt. Während insbesondere einige Damen in den ersten Reihen seiner faszinierenden Körpersprache mit bewundernden Blicken folgen, wenn er die Musik entweder leidenschaftlich entrückt, majestätisch, herrisch, oder eben voll tiefem Schmerz theatralisch untermalt, stellt sich die Situation für das Orchester völlig anders dar. Anstatt klare Anweisungen und Zeichen von ihm zu bekommen, müssen die Musiker plötzlich genervt erleben, wie die Anwesenheit des Publikums den vielleicht sogar talentierten Maestro total verwandelt hat und er, unabhängig von den technischen Erfordernissen der Aufführung, seine Show abzieht. Das Orchester steht, was die Umsetzung seiner Vorgaben betrifft, unvermittelt im Regen, und muss nun versuchen zu retten, was unter diesen Umständen überhaupt noch zu retten ist. Aber Gott sei Dank ist das Publikum so abgelenkt vom künstlerischen Gestus des Dirigentenschauspielers, dass es die von ihm verursachten Probleme nicht wahrnimmt. Und falls doch, dann glauben die Hörer, das Orchester sei Schuld.

Derartige Konzerte haben eher eine pädagogische Funktion. Durch die Gesten des Dirigenten, durch seine demonstrative und plakative Erhöhung des emotionalen Gehalts der Musik verstehen manche Hörer erst, was in der Musik überhaupt abläuft. Der Dirigent führt sie lehrreich durchs Programm und übersetzt weniger spezialisierten Hörern die Musik in erlebbare Themen und Formen.

Ein kleiner Tipp: Falls Sie mal in einem Konzert sind und herausfinden wollen, ob auf dem Podium gerade ein erstklassiger Schauspieler und künstlerischer Ignorant, oder vielleicht doch ein leidenschaftlicher Musiker in Aktion ist, dann machen Sie einfach für ein paar Minuten die Augen zu. Falls ein Selbstdarsteller am Werke ist, dann bricht für Sie der Spannungsbogen in der Musik ab, ja, es kann mit geschlossenen Augen für Sie richtig langweilig werden. Denn die Intensität, die Sie eben noch empfanden, kam vom optischen Schauspiel, nicht von der Musik. Während hingegen bei einem Musiker, der sich ebenfalls körperlich verausgabt, aber gleichzeitig auch das Orchester beflügelt und mitreißt, Ihre geschlossenen Augen der musikalischen Wirkung keinerlei Abbruch tun.

– *Der Probenfanatiker* verausgabt sich stets ohne Rücksicht auf seinen Körper. Und manchmal auch ohne Rücksicht auf die tatsächlichen Bedürfnisse des Orchesters. Bereits nach wenigen Takten der ersten Probe ist er in Schweiß gebadet und dem Exitus nahe. Aber ein Handtuch liegt griffbereit in seiner Nähe. Manchmal haben die Musiker das Gefühl, er möchte sie mit seiner Vehemenz und schier unerschöpflichen Begeisterung von seiner Musikleidenschaft überzeugen. Irgendwie bewundern sie seinen enormen Einsatz, dennoch fragen sie sich bisweilen, was er ihnen nun eigentlich beweisen will, denn sie schätzen ja ohnehin seine Musikalität. Wenn er sich mal einen Hauch weniger engagieren würde, denken sie, hätte das Ergebnis keinesfalls darunter zu leiden. Im Verlauf der Proben empfinden sie fast ein wenig Mitleid, denn der Dirigent stößt manchmal an die Grenzen seiner Belastbarkeit. Und manchmal kommt bei den Spielern die Sehnsucht auf, nicht andauernd mit höchster Emphase musizieren zu müssen, denn die Musik hat ja auch selbstverlorene, introvertierte Momente. Aber ohne energetisch nachlassen zu wollen, probt und arbeitet der Maestro weiter. Er ist überzeugt, dass das Orchester ob seines durchdringenden Engagements ganz auf seiner Seite steht, und prinzipiell ist dem auch so. Manchmal tritt der Fall ein, dass der Dirigent seine Energien größtenteils bereits in den Proben verschossen hat und er dann im Konzert ein wenig abgespannt ist. Dann ist das Orchester unvermittelt gezwungen, quasi aus der Erinnerung heraus zu musizieren. Aber das machen sie gerne für ihn, schließlich hat er in den Proben ja immer alles gegeben. Das können gute Konzerte werden. Gleichzeitig kann aber dieser Hochseilakt der Leidenschaft manchmal die orchestrale Präzision aus dem Blickfeld drängen, ohne dass Dirigent und Orchester sich dessen bewusst sind. Bei so viel Musizieren unter Hochdruck bleibt bisweilen wenig Raum, um über das tatsächliche Resultat zu reflektieren.

– *Der Probenmuffel* verlässt sich auf seine Inspiration im entscheidenden Augenblick. Anstelle stundenlanger Probenarbeit spielt er die Stücke einfach ein paar Mal durch, ohne das Orchester oft zu unterbrechen, ohne ihm viele Details zu erläutern. Manchmal verkürzt er sogar großzügig die Probenzeit oder verlängert die Probenpausen. Diese Arbeitsweise ist dem Orchester verständlicherweise überaus angenehm. Aber die Musiker freuen sich zu früh. Denn obwohl der Dirigent einerseits in den Proben kaum Druck machen will, fordert er andererseits im Konzert die absolute Perfektion aller Spieler. Auch Maestro Claudio Abbado stimmt die Musiker in den Proben eher entspannt auf die Musik ein, aber wenn es darauf ankommt, fordert er sie voll und ganz mit seiner unvergleichlichen künstlerischen Präsenz. Seine Entspanntheit in den Proben macht ihn gleichzeitig hellhörig und wach für alles, was im Orchester vorgeht. Diese Konzentration aufs Wesentliche teilt sich anfangs nicht sofort allen Musikern mit. Manche wähnen sich in dem Irrglauben, sie könnten unter seiner Führung eine ruhige Kugel schieben. Aber schnell stellt der Dirigent diese Musiker bloß, und zwar wiederum nicht durch lange Reden oder Anklagen, sondern durch Blicke, die mehr sagen als tausend Worte.

Es ist offensichtlich, dass dieses System nur funktioniert, wenn sich der Dirigent im Konzert auf seine ungeheuere Erfahrung und absolute technische wie künstlerische Souveränität verlassen kann. Wenn es darauf ankommt, zieht er alle Register seiner Meisterschaft, denen sich keiner entziehen kann. Er besticht durch eine unglaubliche Präsenz im entscheidenden Augenblick. Wäre diese nicht gegeben, so würde er das im Vorfeld gewonnene Vertrauen unwiederbringlich verspielen.

Manche Führungskräfte aber kopieren diese entspannte Arbeitsweise, ohne jedoch im entscheidenden Moment auf ihre überdurchschnittliche Präsenz bauen zu können, welche eine gewisse Gelassenheit in den Proben erlaubt. Wer sich nicht auf seine hundertprozentige Performance im Ernstfall verlassen kann, sollte diesen umso genauer und unerbittlicher vorbereiten.

– Für *Charismatiker* gelten andere Gesetze. Nie werde ich vergessen, wie der große Dirigent Carlo Maria Giulini in der ersten Probe vor die Münchner Philharmoniker trat, bei denen ich damals als Geiger engagiert war. Schon während meiner Studienzeit in Wien war ich von einigen seiner Plattenaufnahmen zutiefst berührt worden. Und als ich ihn dann persönlich erlebte, wie er ruhig und ohne Pomp die Bühne betrat, faszinierte mich seine Aura, die schwer zu analysieren ist. Es war wohl eine Mischung aus Würde, Gelassenheit, Konzentration aufs Wesentliche, Ehrlichkeit. Jeder einzelne Musiker wurde sofort in den Bann seiner Ausstrahlung gezogen.

Er war ganz ohne Allüren, nicht die geringsten Machtgesten begleiteten seine Arbeit, keinerlei auf Wirkung getrimmtes Getue. Es war bei ihm auch kein Interesse zu verspüren, mit den Musikern jovial ins Gespräch zu kommen. Er musste weder sich noch dem Orchester irgendetwas beweisen. Eine Aura der Freiheit. Seine ganze Konzentration galt der Musik. Er betrat das Podium, blinzelte den Musikern kaum merklich zu, dann schloss er die Augen – und begann zu dirigieren. Seine Zeichensprache engte uns Musiker nicht ein, sie war zwar technisch nicht präzise, aber dennoch unerbittlich zwingend. Sein Dirigierstil durchdrang die Musik, seine künstlerische Vision war unvermittelt spürbar. Alles, was technisch nicht klar war, weil sich das Orchester erst an seinen Dirigierstil gewöhnen musste, pendelte sich im Verlauf der Proben ein. Aber dieser Einschwingungsvorgang geschah nicht nur im handwerklichen Sinn, sondern in erster Linie menschlich-künstlerisch. Seine Idee von der Musik offenbarte sich so deutlich, dass sich alsbald alle Musiker diese zu Eigen machten. Daher spürten sie von selbst, was zur technischen Umsetzung nötig war. Die Musik entstand auf natürliche, harmonische Weise. Und diese Wellen setzten sich ebenso harmonisch innerhalb des Orchesters fort. Selbstverständlich traf seine künstlerische Idee nicht den Geschmack aller, aber dieser Punkt war angesichts der orchestralen Bewusstseinsbildung kein diskussionswürdiges Kriterium mehr. Er hatte Charisma, das sich weder nachahmen, noch berechnen lässt.

Es führen also nicht nur viele, sondern sogar auch gegensätzliche Wege zum Erfolg. Aber eines haben alle großen Meister ihres Fachs gemeinsam: Sie passen ihr Handwerkszeug stets ihrer Vision an und ordnen es dieser unter. Ihre Strategien sind Mittel zum Zweck und nicht Selbstzweck.

Wenn die Chemie nicht stimmt

Manchen Führungskräften wird in Vier-Augen-Gesprächen mit Mitarbeitern großer Respekt entgegengebracht, während sie gegenüber größeren Teams und Gruppen gleichzeitig eher auf Ablehnung stoßen.

Wenn sie trotz aller redlichen Bemühungen bei Mitarbeitern nicht gut ankommen oder sogar scheitern, wird nicht selten die Erklärung bemüht, dass eben zwischen Chef und der Gruppe die Chemie nicht gestimmt habe.

Früher empfand ich dieses Urteil als einfache und faule Ausrede. Aber nachdem ich inzwischen mehr als zwanzig Orchester in verschiedenen Ländern dirigiert habe, muss ich überraschenderweise feststellen und zugeben, dass etwas zutiefst Wahres an dieser mysteriösen »chemischen Formel« dran ist. Interessanterweise scheint es nicht nur eine Chemie zwischen einzelnen Menschen, sondern auch zwischen Gruppen und Einzelnen zu geben.

Zufälligerweise war ich einmal unmittelbar hintereinander bei zwei schwedischen Orchestern als Dirigent zu Gast, mit vollkommen unterschiedlichen Ergebnissen. Mit einem Orchester gab es eine spontane Übereinstimmung und Harmonie, während hingegen zwischen dem anderen Ensemble und mir die Chemie überhaupt nicht stimmte. Ich habe nachträglich versucht, diese unterschiedlichen Konstellationen zu analysieren und kann ausschließen, dass ich mich damals innerhalb von zwei Wochen als Mensch total verändert hatte. Auch gab es kein einschneidendes Erlebnis zwischen meinen beiden Engagements, welches meine Stimmungslage auf irgendeine Weise dramatisch beeinflusst hätte.

Mit dem ersten Orchester konnte ich zwar sachlich gut arbeiten, aber nie entwickelte sich das Gefühl, dass der Funke meiner Arbeit aufs Orchester übergesprungen war. Trotz meiner Bemühungen wurden wir nicht miteinander warm. Das Orchester war durchaus offen und seinerseits bemüht, die Distanz zu mir zu überwinden, dennoch stand zwischen uns eine unsichtbare Wand, die uns trennte. Auch mein hilfloser Versuch, kleine humorvolle Anekdoten einzustreuen, konnte diese nicht auflösen. Es gab keinerlei Grabenkämpfe oder andere konkrete Probleme, dennoch fühlte ich mich niemals verstanden. Und auch das Orchester fühlte sich nie richtig wohl mit mir.

Das Konzert war am Ende nicht schlecht, aber es gelang mir nicht, meinen Stil mit letzter Konsequenz durchzusetzen und mein persönliches Klangbild zu formen. Obwohl alle engagiert bei der Sache waren, fühlte ich inhaltlich-fachlichen Widerstand.

Ich muss keiner Führungskraft erläutern, dass eine solche Arbeitsatmosphäre nicht unbedingt beflügelt. Nach dem Konzert kamen wir still und leise überein, dass wir künftig nicht mehr miteinander arbeiten sollten.

Ich flog nach Hause und eine Woche später zu einem anderen schwedischen Orchester. Die vorige Erfahrung belastete mich nicht, ich nahm es sportlich. Auch hatte ich nicht die Absicht, mich bei meinem zweiten schwedischen Engagement anders zu präsentieren. Denn es gehört zu meinem Selbstverständnis, dass ich versuche, mit bestem Wissen und Gewissen künstlerisch zu arbeiten, wo immer ich hinkomme.

Als ich die Bühne betrat, auf der das Orchester zur ersten Probe bereit saß, spürte ich unmittelbar eine Art Harmoniegefühl. Um es vorwegzunehmen: Mit diesem Orchester war es Liebe auf den ersten Blick. Kaum hatte ich mit der Probenarbeit begonnen, da war beiden Seiten klar, dass unsere Chemie auf natürliche und selbstverständliche Weise stimmte. Wir arbeiteten hart und konzentriert. Es war ein schweißtreibendes Vergnügen, das auf einem natürlichen Miteinander und gegenseitigem Verständnis beruhte. Ich musste wenig erklären, die Musiker verstanden mich fast blind. Es genügte, mit kleiner Zeichengebung zu dirigieren, weil das Orchester stets offen und spontan auf all meine Nuancen reagierte, so als wären wir bereits seit langem miteinander verbunden und vertraut. Wir verschmolzen zu einer künstlerischen Einheit.

Nach diesen Erlebnissen gelangte ich zu der Einsicht, dass es eine emotionale Realität zwischen Organismen gibt, die sich nicht vorab kalkulieren lässt.

Wäre ich nach dem ersten Negativerlebnis in ein anderes Land geflogen, so hätte ich daraus vielleicht geschlossen, dass ich eben nicht so gut mit schwedischen Orchestern arbeiten kann. Aber damit hatte es ja offensichtlich nichts zu tun, wie mir die zweite Arbeitsperiode bewies.

Das, was man gemeinhin »eine gute oder schlechte Chemie« nennt, hat nicht nur mit der augenblicklichen Ist-Situation, sondern besonders auch mit der unmittelbaren Vergangenheit der Organismen, die aufeinander treffen, zu tun.

Ich erinnere mich an die Zeit, als ich noch selbst im Orchester spielte. Wenn wir es eine Zeitlang mit sehr dominanten Probenfanatikern zu tun hatten, dann machten wir es jedem nachfolgenden Dirigent überaus schwer, unabhängig von seinen Kompetenzen. Denn nach einer mühevollen Probenphase war das gesamte Orchester so angespannt und ausgelaugt, dass es unbewusst nur noch den Ausgleich, also die Entspannung suchte.

Einmal kam in dieser Situation ein absolut genialer Maestro, der dafür bekannt ist, dass er seine Qualitäten auf entspannte, menschlich freundliche Weise umsetzt, zu uns. Aber das Orchester war überhaupt nicht offen für seinen Arbeitsstil. Allein die Tatsache, dass er keine Strapazen verursachte, war für die Musiker ein Freibrief, ihn von Anfang an überhaupt nicht ernst zu nehmen.

Der renommierte Dirigent bekam, ohne es im Geringsten verdient zu haben und es selbst verstehen zu können, den ganzen Missmut des Orchesters ab, den es beim vorherigen Dirigenten unterdrückt und aufgestaut hatte.

Die ganze Arbeitsphase entwickelte sich zum Desaster. Der Dirigent verstand nicht, warum man seiner freundlichen Art mit so viel Widerwillen begegnete, ja warum sich das gesamte Orchester über ihn lustig machte.

Aus seiner Sicht stimmte die Chemie definitiv nicht. Und würde er darüber mit einem Kollegen sprechen, der das Orchester in anderer Laune erlebt hatte, dann würden beide wohl fassungslos sein, aufgrund der so gegensätzlichen Einschätzungen des identischen Ensembles.

Das Umgekehrte trifft ebenfalls zu. Nach einer Arbeitsphase mit einer Führungskraft, die dem Orchester viel Freiraum ließ, lechzt ein Orchester fast nach ein wenig Stringenz. Selbst wenn dann ein nicht hochgradig kompetenter Dirigent mit dem Orchester arbeitet, wird jeder seiner Standpunkte als die reine Lehre aufgesaugt. Dieser ist dann fast ein wenig überrascht, welch unglaubliche Präsenz, Konzentration und Neugierde dieses wunderbare Orchester ihm entgegenbringt. Er wird also das Gefühl haben, die Chemie hätte auf zauberhafte Weise gestimmt.

Bei meinem Schwedenerlebnis stellte sich im Nachhinein

heraus, dass das erste Orchester in der Woche vor meiner Tätigkeit von einem Dirigenten zutiefst begeistert war. Die Gedanken drehten sich immer noch um ihn und um die gemeinsame Zukunft, selbst als ich schon den Platz am Podest eingenommen hatte. Ich bin jedoch ein völlig anderer Musikertyp als mein Vorgänger und passte folglich in dieser Situation nicht in das »Lebensgefühl« des Orchesters, das sich noch immer von meinem Vorgänger inspiriert fühlte.

Das zweite Ensemble war in einer ganz anderen Lage. Sie waren in einer Suchphase und schauten, welche Dirigenten künftig wohl zu ihnen passen würden. Daher waren sie von vornherein neugierig und offen. Dies ist eine Haltung, für die ich ohnehin überaus empfänglich bin und die mich motiviert. So ergab das eine das andere, im positivsten Sinn.

In einer Gruppe können Bedenken gegenüber einer neuen Führungskraft auch dadurch entstehen, dass einzelne Mitarbeiter glauben, dass ihre Kolleginnen und Kollegen Probleme mit gewissen Verhaltensmustern der Führungskraft haben werden. Dies befördert dann auch ihre eigene Skepsis und nimmt ihnen ihre Unmittelbarkeit. Diese diffusen Vorbehalte können sich dann gruppendynamisch aufschaukeln, obwohl es eigentlich keine Fakten gibt, die gegen die Führungskraft sprechen.

Und vor allem können auf subtile Weise die Erfahrungen des Teams mit dem Vorgänger der Führungskraft Voraussetzungen schaffen, die zu beträchtlichen Störungen führen. Manche Reaktionen des Teams auf die Führungskraft müssen daher als Gegenreaktionen auf den Vorgänger verstanden werden.

Bis zu einem gewissen Grad kann eine erfahrene Führungskraft diese Prozesse abfangen, da sie sich aber nicht endlos damit befassen kann, gibt es selbstverständlich den

Moment, wo es unabdingbar ist, »Pflöcke einzuschlagen«, also mit einer gewissen Durchschlagskraft zu führen, ohne Rücksicht auf die Befindlichkeiten der Mitarbeiter. Entscheidend ist, dass sich die Führungskraft der ganzen Problematik bewusst ist, um die Situation angemessen einschätzen zu können.

Denn es sind ziemlich komplexe Prozesse, Stimmungen, Voraussetzungen, die darüber entscheiden, ob die Chemie zwischen Führungskraft und Mitarbeitern stimmt oder nicht.

Für Führungskräfte ist es sinnvoll, sich im Vorfeld ein möglichst genaues Bild von der Wirkung ihrer Vorgänger zu machen, um unverständliche Reaktionen einordnen und angemessen darauf reagieren zu können.

Obige Erklärungsversuche sollen keinesfalls bedeuten, dass es immer an den Mitarbeitern liegt, wenn die Chemie nicht stimmt. Nein, dazu gehören immer zwei Seiten. Und manchmal sind es schlicht auch Fehler der Führungskraft, die eine Zusammenarbeit erschweren. Ich will mich da nicht ausnehmen. Am Anfang meiner Dirigiertätigkeit habe ich es mir dadurch mit einigen Orchestern verdorben, was überaus schade ist, weil ich es einzig und allein mir selbst zuzuschreiben habe.

Irrtümer zugeben

Orchestermusiker sagen, der Unterschied zwischen ihnen und dem Dirigenten bestünde einzig und allein darin, dass das Publikum seine schlagtechnischen Fehler unfairerweise niemals hören kann.

Es ist ja tatsächlich so: Wenn ich mich als Dirigent einmal

verschlage, und beispielsweise das erste Horn auf meinen falschen Einsatz hin zu spielen beginnt, dann denkt das Publikum vielleicht, dieser Hornist ist inkompetent und definitiv überbezahlt.

Das Orchester aber versteht sofort die Ursache des falschen Horneinsatzes und denkt zweifellos: Unser Dirigent ist leider unfähig und überbezahlt.

Man kann im Orchester seine Irrtümer nicht kaschieren. Wir erleben hier wieder das unmittelbare Feedback innerhalb der Orchesterarbeit, das uns durch dieses Buch begleitet.

In der Musikindustrie gab es für mich beträchtlich mehr Möglichkeiten, meine falschen Einsätze zu vertuschen. Auch deswegen, weil sich die Produkte oft enorm zeitverzögert präsentieren. Von der Idee bis zur Marktpräsenz vergehen oft ein bis zwei Jahre. Und dann zusätzlich ein halbes Jahr, bis die Controller wissen, ob sich die Sache auch verkauft.

Eine Führungskraft kann schon mal zufällig unterwegs zu beruflichen Gesprächen nach Paris sein, wenn im Basislager einige Flops diskutiert werden, an denen sie beteiligt war. Und falls sie möglichst viele Kolleginnen und Kollegen in ein Flopprojekt miteinbezogen hatte, dann verteilt sich die Last der Verantwortung auf viele Schultern. Nachdem sich alle irgendwie ein bisschen schuldig fühlen, hat niemand Bloßstellungen zu fürchten. Mitgefangen, mitgehangen. Ganz zu schweigen von den möglichen Ausflüchten bezüglich der ungeplanten äußeren Umstände, die das Projekt plötzlich in eine andere Richtung lenkten, als es ursprünglich die Absicht war.

Inzwischen ist in manchen Konzernen die personelle Fluktuation bei Führungskräften so erheblich, dass tatsächlich keiner mehr so genau weiß, wer vor einigen Jahren diese oder jene Entscheidung getroffen hat. Vielleicht ist das sogar die volle Absicht.

Am Ende herrscht ein belastender Schwebezustand, den man nur beenden kann, wenn man sich offen zu seiner Verantwortung bekennt.

Eine Führungskraft sollte keinesfalls ihre eigenen Fehler ignorieren oder kaschieren, in der Hoffnung, dass sie dann auch sonst niemandem auffallen. Das wäre so, als würde ein Dirigent, der am Anfang einer Sinfonie einen Takt vergaß, bis zum Ende um diesen einen verlorenen Takt versetzt weiterdirigieren, im Glauben, dass er damit dem Urteil des Orchesters entgeht.

Bildlich gesprochen hätte dann der Maestro schon in seinem Künstlerzimmer geduscht, während das Orchester noch den Schlussakkord spielt. Und für den Applaus erschiene er wieder auf der Bühne.

Einige Führungskräfte bauen darauf, dass ihr ausdauerndes Beharren auf einer offensichtlichen Fehlentscheidung irgendwann doch gewisse Zweifel bei den Mitarbeitern verursacht. Denn eine Gruppe kann, machtpolitisch betrachtet, durchaus beeindruckt werden, wenn ihre Führungskraft den Mut aufbringt, so ignorant und unerbittlich lange, noch dazu mit großer und überzeugender Geste, aufs falsche Pferd zu setzen, ohne es zugeben oder selbst bemerken zu wollen. Dieses Verhalten ist ein beliebtes Instrument zur Demonstration von Durchsetzungskraft.

Anhand des Finales der 4. Sinfonie von Brahms möchte ich einige Aspekte dieses Kapitels musikalisch demonstrieren und versinnbildlichen, nämlich dass Führungsprozesse stets eine wache Interaktion mit allen beteiligten Kräften erfordern. Und wenn das sogar für Dirigenten gilt, die ja gemeinhin als Alleinherrscher über ein Orchester wahrgenommen werden, dann doch erst recht für Führungskräfte in der Wirtschaftswelt.

Im Takt 97 stimmt die Flöte ein großes, ergreifendes Solo an. Der ganze Satz hat sich im Vorfeld leidenschaftlich aufstrebend entwickelt, bis die Musik vor diesem Flötensolo langsam abebbt und zur Ruhe findet. Wenn sich dann plötzlich die Flöte wie aus dem Nichts in mehreren, anfangs vorsichtigen Versuchen zu einer individuellen Aussage emporschwingt, umfängt uns eine Aura des Innehaltens, des Schmerzes. Die Zeit steht still. Die orchestrale Perspektive wechselt in eine rein persönliche, voll innigster Dramatik. Sind wir gerade noch dem orchestralen Schwelgen erlegen, so halten wir jetzt mit einem leisen Druck auf unserer Seele den Atem an. Wir spüren, es gibt kein Zurück mehr, wie soll die Musik aus dieser intimen Atmosphäre heraus je wieder in Schwung kommen? Die Streicher untermalen, umspielen die Flöte bei ihrem Solo mit vorsichtigen, fast zärtlichen Einwürfen. Das gesamte Orchester, einschließlich des Dirigenten, ist mit allen Sinnen voll und ganz auf das bezogen, was soeben in der Flöte entsteht. Falls auch nur ein Musiker nicht absolut präsent wäre und nur für einen Augenblick die Konzentration verlieren und beispielsweise die Saiten zu stark anstreichen würde, die Aura des Augenblicks wäre zerstört. Nach der Flöte erheben die Posaunen ihre Stimme, leise und mit ruhiger Würde. Bis dann allmählich alles verebbt, bevor sich die orchestrale Kraft wieder voll entfaltet und der Dirigent das Orchester mit voller Wucht dem Ende zustreben lässt.

5. Inspiration, Innovation

Das Wichtigste in der Musik
steht nicht in den Noten.
Gustav Mahler

Inspiration kann nur entstehen, wenn man es ertragen lernt, nicht sofort alles zu wissen. Wenn man bereit ist, eine Phase der Suche, einschließlich der damit einhergehenden Unsicherheit, anzunehmen.

Diese Bereitschaft zur Suche, die sich nicht von vornherein auf einen einzigen Weg festlegt und beschränkt, kann den Menschen in einen Zustand innerer Freiheit versetzen, der ihn offen und durchlässig macht für Gedanken, Ideen, ja Träume, die anfangs scheinbar zusammenhanglos und ohne klare Ordnung in seinem Kopf herumschwirren, bis sie sich langsam und Stück für Stück zu einem Gesamtbild fügen.

Zwischen Wollen und Entstehenlassen

In diesem Prozess ist eine Balance zwischen einem klaren Wollen bei gleichzeitigem Entstehenlassen unabdingbar.

Etwas entstehen zu lassen ist deswegen wichtig, weil Kreativität von einem alles dominierenden Wollen blockiert werden kann. Wenn ich bereits genau weiß, wie am Ende das Ergebnis aussehen soll, dann bin ich nur begrenzt offen für Perspektivwechsel und sortiere daher vielleicht sogar unbewusst fruchtbringende Aspekte aus.

Entstehenlassen bedeutet keinesfalls, dafür nichts leisten zu müssen. Dennoch habe ich die feste Überzeugung, und ich habe das auch oft erlebt, dass das Innerste eines Menschen einen Forschungsgegenstand selbst dann noch weiterbearbeitet und strukturiert, wenn er sich damit nicht mehr bewusst beschäftigt.

Der Volksmund sagt dazu, man solle vor wichtigen Entscheidungen besser »eine Nacht darüber schlafen«, auch wenn man bereits alle Aspekte ausführlich analysiert und abgewogen hat.

Meine Studienzeit lieferte mir diesbezüglich einen Beweis, der mich selbst überrascht hat und den ich damals allen verheimlichte.

Als ich im Alter von zwölf Jahren bei einem anerkannten Professor an der Wiener Musikhochschule Violine zu studieren begann, musste ich vom Land in die Großstadt Wien umziehen. Jeweils montags und donnerstags hatte ich Unterricht und selbstverständlich erwartete mein Professor stets deutliche Fortschritte. Besonders donnerstags gab er mir viel Musikstoff für den nächsten Montag auf, da ja am Wochenende kein Gymnasium ein stundenlanges Üben behindern konnte.

Um das riesige Pensum für die Montage zu schaffen, übte ich immerhin noch sehr intensiv am Freitagnachmittag, aber das war's dann auch. Denn mein übergroßes Heimweh nach der heimatlichen Natur verlangte, dass ich am Samstag direkt vom Wiener Gymnasium zum Bahnhof raste und übers Wochenende nach Hause fuhr.

Kaum zu Hause angekommen, schwang ich mich auf mein Fahrrad, und sofort waren alle Wiener Pflichten so weit weg von mir, dass ich sie vergaß. Abends spielte ich zwar ein bisschen Violine, aber einfach nur zum Spaß und keinesfalls so, wie es eigentlich von mir auf der Hochschule erwartet wurde. Auch am Sonntagmorgen übte ich nur kurz und ungeduldig einige schwierige Stellen, bevor es mich wieder hinauszog in die Natur.

Am Montag ließ der strenge Unterricht keine Schwindeleien zu. Aber als ich meine Geige in die Hand nahm und ihr die ersten Töne entlockte, beruhigte mich intuitiv sofort die Gewissheit, dass mich meine riskante Wochenendgestaltung keinesfalls bei der Arbeit zurückgeworfen hatte. Es war faszinierend, denn bisweilen war mein Professor richtig begeistert, welche enormen Fortschritte er gerade nach den Wochenenden bei mir feststellen konnte. Er schrieb das natürlich einzig und allein meinem Fleiß zu. Einer meiner Kommilitonen fragte mich aufgrund meiner wundersamen Leistungssteigerung des öfteren verwundert, ob ich denn am Wochenende wieder mit der Geige in der Hand geschlafen hätte.

Keiner ahnte und konnte sich vorstellen, dass ich in Wahrheit eine Radtour mit Freunden an die Donau oder ins Alpenvorland unternommen hatte. Und ich behielt diese Tatsache wohlweislich für mich, denn ich trennte scharf zwischen diesen beiden Welten.

Dennoch gab mir dieser Sachverhalt sehr zu denken und ich versuchte, mir meine offensichtlichen Fortschritte, die meine regelmäßigen Auszeiten an Wochenenden bewirkten, zu erklären.

Der ständige Wechsel zwischen konsequentem Arbeiten und einer totalen Auszeit ist ein Schlüssel zum Erfolg.

Manchmal verzweifelte ich während der Übungswoche an anspruchsvollen Passagen in diversen Violinkonzerten, ohne eine Lösung für das jeweilige Problem zu finden und deren technischer Beherrschung nahe zu kommen. Aber als ich dann von meiner anschließenden Wochenendauszeit zurückkam, anfangs natürlich mit schlechtem Gewissen, funktionierten solche Stellen besser als je zuvor, zu meiner eigenen Überraschung. Der Bewegungsablauf war plötzlich in Fleisch und Blut übergegangen. Anscheinend hatte mir ohne eine gewisse Distanz zur Sache auch die nötige Lockerheit gefehlt.

Auch was die kreative künstlerische Dimension betraf, war ich nach den Wochenenden stets freier und damit einen Schritt weiter. Türen zu neuen Perspektiven öffneten sich mir, von denen ich vorher nicht einmal wusste, dass sie überhaupt existierten.

Irgendetwas hatte also in meinem Körper weitergeübt. Mein Unterbewusstsein war von selbst aktiv und kreativ, hatte sich frei gemacht von den kontrollierenden Vorgaben meines Wollens, während ich in Gedanken eigentlich abwesend war. Natürlich war die Basis für diese Erfolgserlebnisse, dass ich die Grundlage dafür bereits während der Woche in mühevoller Vorarbeit geleistet hatte. Denn einfach nichts zu tun und darauf zu hoffen, dass sich irgendetwas von selbst einstellt, kann natürlich niemals funktionieren.

Das erinnert mich an einige Musikstudenten, die das permanente Loslassen problemlos beherrschten. Sie saßen tagsüber rauchend in Cafés und diskutierten stundenlang über Kunst, Politik und Gesellschaft, ohne im Studium auch nur einen Schritt voranzukommen. Die verbissenen Studentinnen und Studenten machten hingegen zwar gute Fortschritte, aber dafür standen bei ihnen Aufwand und Wirkung nicht immer in einem sinnvollen Verhältnis.

Eine Balance zwischen harter Arbeit und völligem Loslassen ist vor allem dann effizient und zielführend, wenn sich Fortschritte auf nachhaltige Art und Weise einstellen sollen, wenn sie also langfristig benötigt werden. Denn natürlich kann man sich für punktuelle Leistungen kurzfristig »pushen«, wobei dann eine Art Ausnahmezustand herrscht. Aber die Ergebnisse dieser Arbeitsmethode bilden mit dem Menschen keine langfristige und tragfähige Einheit.

Wäre ich also an den Wochenenden in Wien geblieben, dann hätte ich sicherlich niemals den Mut aufgebracht, mich der allgemeinen studentischen Übungspflicht zu entziehen. Ich verdanke also allein meinem starken Heimweh in der Studienzeit eine Erkenntnis, von der ich mein Leben lang profitieren werde.

Man sollte den Mut aufbringen, darauf zu bauen, dass ein Beschäftigungsgegenstand selbst dann im Inneren weiterarbeitet, wenn man etwas anderes tut und mit seinen Gedanken ganz woanders ist.

Aber machen Sie bitte nicht den dramatischen Fehler, sich in diesen Auszeiten selbst zu kontrollieren, indem Sie ständig in sich hineinhören, ob sich schon das angestrebte Resultat abzeichnet. Diese Selbstkontrolle im Hinterkopf zerstört diesen Prozess. Es funktioniert nur, wenn Sie völlig von Ihrer Aufgabe losgelöst sind. Gewissen hin oder her.

Ist das nicht beruhigend? Sie müssen nichts anderes tun, als sich auf Ihre inneren Kräfte zu verlassen.

Vielleicht werden Sie jetzt sagen, nun ja, dann fliege ich eben auf die Malediven, lege mich an den Strand, und warte, dass ich ein paar gute Ideen habe. Dafür muss die Firma eben Verständnis aufbringen. Nun, Sie hätten mich dann wohl ein kleinwenig missverstanden. Denn jeder von uns muss sich stets darum bemühen, innerhalb des vorgegebenen Tempos und nicht außerhalb der Zeit den eigenen Rhythmus zu finden.

Der Druck der Hochschule war für mich stets klar und überdeutlich spürbar, aber ich passte ihn meinem inneren Rhythmus an.

Diese Vorgaben von außen sind keinesfalls kreativitätshemmend. Jeder weiß, dass manchmal ohne Druck nicht viel läuft. Und je mehr Freiraum man für Kreativität hat, desto mehr Orientierungslosigkeit beziehungsweise Beliebigkeit kann die Folge sein. Je enger aber der Spielraum, desto klarer der Bezug und Raum, innerhalb dessen sich die Gedanken und Analysen bewegen und strukturieren.

Große Werke der Musikliteratur wurden manchmal unter ziemlich strengen Vorgaben komponiert. Sei es, weil der Auftraggeber beim Komponisten gleichzeitig eine genaue Wunschliste, das Werk betreffend, anforderte, oder weil dem Kreativen der Abgabetermin im Nacken lag. Manchmal verlangte auch die dramatisch schlechte Finanzlage des Komponisten nach einem erfolgreichen Werk. Kurz: Druck und Vorgaben sind nicht prinzipiell destruktiv, sie töten auch innerhalb der Wirtschaftswelt nicht automatisch Inspiration und Kreativität.

Wenn ich mich als Dirigent mit einem Werk beschäftige, um am Ende ein klares Konzept, eine Vision davon zu haben, so durchlaufe ich in diesem Entstehungsprozess mehrere Phasen, die nahtlos ineinander übergehen. Am Anfang steht die Analyse der Noten. Auch Hintergrundberichte zum geschichtlichen Kontext des Werks sind gut, sofern verfügbar.

Dennoch, allein deswegen erschließt sich das Werk leider noch nicht. Denn unabhängig vom Wissen muss man auch

»erfühlen«, was die Intentionen des Komponisten sind. Die Werke bieten dem Dirigenten viel Freiraum, wie ich im vorigen Kapitel erläutert habe. Dies fordert vom Dirigenten, seine ganz persönliche Beziehung zu dieser Musik aufzubauen.

In der Anfangsphase spricht eine Komposition manchmal nur wenig zu mir, was ich nicht leicht aushalten kann. Dennoch will ich mir keine CD anhören und das Resultat nachahmen. Das Orchester würde das sofort durchschauen. Vor allem würde ich selbst damit nicht glücklich werden. Bei bekannten Werken, die mir seit meiner Jungend vertraut sind, ist es gar nicht so einfach, mich von gewissen Hörgewohnheiten zu befreien. Als Maßstab dient mir dabei das Gefühl der Verbundenheit mit der Musik, das sich bei mir nur dann einstellt, wenn ich meine ganz persönliche Konzeption gefunden habe. Wenn ich also noch eine gewisse Distanz zum Werk verspüre, dann gibt es nur zwei Möglichkeiten: Entweder empfinde ich mein Konzept selbst noch nicht als schlüssig, oder es laufen unbewusst noch fremde Programme ab.

Während ich also meine Vorstellung von einem Werk entwickle, irre ich kreativ herum und tappe anfangs oft im Dunkeln. Welches Tempo? Beziehungsweise welche Temporückungen und -relationen innerhalb des Werks?

Dann finde ich einen Anhaltspunkt, ein Mosaiksteinchen, von dem ich auf ein benachbartes schließen kann. Aber welche Balance? Mehr Hörner oder doch eher die Klarinette dominieren lassen? Und der Klang in den Streichern? Weich, aber dennoch kernig, oder einfach nur mit sanftem Ausdruck?

In dieser Phase muss ich mich bis zu einem gewissen Grad frei machen von Wissen und Wollen. Ich muss die Unsicherheit bei der Suche ertragen lernen. Gleichzeitig mich aber mit allen Aspekten kontinuierlich weiterbeschäftigen, auch wenn sie mich scheinbar überhaupt nicht weiterbringen.

Und dann spüre ich plötzlich das Verlangen nach einer Auszeit, denn ich drehe mich im Kreis. Ich bin zu sehr mit den vertrauten Perspektiven beschäftigt. Mein Gesichtsfeld ist zu begrenzt. Ich muss die Sache also auf die Seite legen und vergessen, auch wenn es mir sehr schwer fällt, weil ich noch keine Lösung gefunden habe.

Und dann, in Situationen, in denen ich überhaupt nicht damit rechne, beim Autofahren oder während eines Waldspaziergangs, steht plötzlich das für dieses Musikstück stimmige Tempo klar vor meinem inneren Ohr. Der Anfang ist gemacht. Und in der Folge fügt sich Mosaiksteinchen an Mosaiksteinchen, bis in mir ein fassbares Gesamtkonzept entsteht. In einer Balance von harter Arbeit und totalem Loslassen.

Es ist ja bekannt, dass Schriftsteller oft unerträglich lange vor dem leeren Blatt Papier sitzen, bevor sie einen guten ersten Satz für ihr Buch gefunden haben, den sie tags darauf gleich wieder verwerfen, weil der Tonfall nicht stimmt oder der Stil nicht zum Inhalt passt. Wenn sie dann endlich mal im Schreibfluss sind, gibt es zwar immer noch zahlreiche Hürden zu überwinden, aber der alles prägende Einstieg ist geschafft. Oder denken Sie an die vielen Skizzen und Entwürfe mancher Maler.

Auch Beethoven war ein Tüftler, der unzählige Versionen von Themen entwarf und wieder verwarf, bis eines irgendwann seinen Ansprüchen genügte. Mozart hingegen scheint seine Kompositionen fast ausgereift zu Papier gebracht zu haben. Seine ungeheuere, das übliche Maß sprengende künstlerische Vorstellungskraft ermöglichte ihm wohl im

Vorfeld, alle Aspekte und Versionen seiner Ideen im Kopf, also ohne Papier, zu skizzieren, beziehungsweise mit allen Details und Nuancen geistig durchzuhören, bevor er sie dann abends, nach anstrengenden, holprigen Kutschenfahrten, fast vollendet zu Papier brachte.

Ob nun wirtschaftliche oder künstlerische Konzepte und Strategien, alle bedürfen der Kreativität. Und diese entzieht sich sowohl einer Verordnung von außen als auch dem Selbstbefehl.

Manche Menschen versuchen es unter dem beklemmenden Motto: Jeden Donnerstagnachmittag zwischen 15 und 16 Uhr muss ich unbedingt meine schöpferische Phase haben, sonst bin ich verloren. Klappt selten.

Ich bin überzeugt davon, dass Menschen, die sich selbst für weniger kreativ halten, es vielleicht einmal mit der Balance von Wollen und Entstehenlassen versuchen sollten, und zwar ohne inneren Erwartungsdruck, im Bewusstsein des Vertrauens, dass nur vermittels einer inneren Freiheit und Unabhängigkeit etwas werden kann.

Ich wage sogar die Behauptung: Vergessen Sie Inspiration und Kreativität, solange Sie sich nicht, so gut es Ihnen möglich ist, abgekoppelt haben von Spielregeln und Zwängen.

Nochmals möchte ich betonen, dass Vorgaben, Druck und Erwartungen meistens ein wesentlicher Bestandteil kreativer Prozesse sind. Dennoch muss man den Mut finden, innerhalb des vorgegebenen Tempos seinen eigenen Rhythmus zu finden. Dieser ist die Basis dafür, dass am Ende etwas nachhaltig Sinnvolles beziehungsweise Stimmiges entsteht.

Innovationshürden

Nun haben Sie also diese Kreativitätsprozesse durchlaufen und können am Ende mit Recht behaupten, dass Sie voll und ganz hinter Ihren Ideen, aus denen Sie gegebenenfalls ein Konzept gebaut haben, stehen. Und dann will plötzlich niemand etwas von Ihren mühsam erarbeiteten Errungenschaften wissen.

Die Liste der Künstler, von denen anfangs keiner etwas hören wollte, ist endlos. Manchmal stand das Orchester, das die neuen Kompositionen umsetzen sollte, künstlerischen Innovationen überaus skeptisch gegenüber, oder die Musiker lehnten es nach einigen hilflosen Versuchen ganz ab, sich damit weiter zu beschäftigen.

Oft boten diese neuen Werke den Musikern rein technisch ungewohnte Herausforderungen, denen sie nicht gewachsen waren. Wenn es dennoch einmal, trotz beträchtlicher Widerstände, zu einer Aufführung kam, dann wendete sich oft das Publikum mit Entsetzen ab, weil es derartige Klänge noch nie zuvor gehört hatte. Fast alle renommierten Komponisten, deren Werke heutzutage zum Standardrepertoire gehören, hatten mit anfänglicher Ablehnung zu kämpfen.

Aber der wesentliche Aspekt ist, dass die Komponisten trotz aller Widerstände unbeirrbar an ihren musikalischen Visionen festhielten, auch wenn sie von den Kritikern für ihre unverständlichen Werke zerrissen wurden.

Weder änderten sie fürs Publikum ihren Stil, noch machten sie Kompromisse dem Orchester gegenüber, was die technischen Hürden betraf.

Geduldig warteten sie oft jahrelang, dass die Musiker nach und nach technisch in der Lage waren, sich mit ihren Werken auseinanderzusetzen. Oft dauerte es lange, bis auch die Zuhörer reif wurden für ihre weit vorausblickenden Ideen.

Ihre karge finanzielle Lage machte sie nicht gefügig, obwohl sie zweifelsfrei das Talent besaßen, etwas zu schreiben, was den Publikumsgeschmack perfekt getroffen hätte. Sie wichen nicht ab von ihrem Weg, weil sie wussten, dass langfristig nichts an ihren Ideen vorbei führte.

Auch wenn nicht jeder ein Genie ist, so können wir davon etwas Allgemeines ableiten, das mir überaus wichtig erscheint: Selbst die besten Ideen, Strategien, Konzepte, die einem nach langen, mühevollen Arbeitsprozessen zugewachsen sind, werden nicht automatisch verstanden. Man muss sich bewusst sein, dass die Zielgruppe nur mit einem Resultat konfrontiert wird, meistens ohne die vorausgegangenen Erkenntnisprozesse mitgemacht zu haben. Die Zielgruppe hatte also nicht die Zeit, sich mit der Ausgangsproblematik zu beschäftigen. Daher werden Innovationen oft als eine Art Zwangsbeglückung erlebt und erst nach und nach wird klar, welche Vorteile diese bieten können.

Die meisten Kreativen sind am Ende ihrer Arbeit so glücklich über das Resultat und gleichzeitig so weit fortgeschritten in ihren Erkenntnissen, dass ihnen der Blick für den Erkenntnisstand ihrer Kunden fehlt, beziehungsweise auch der für die firmeninternen Umsetzer ihrer Innovationen.

Anders gesagt: Erstklassige Ideen benötigen eine geduldige und strategisch fundierte Vermittlung. Denn deren Nutzen teilt sich nicht immer von selbst mit.

Komponisten wurden bisweilen stark von Dirigenten gefördert, die deren Werke oft gegen den Willen von Orchestern, Publikum und Kritikern immer wieder auf den Spielplan setzten, bis sie die Früchte ihrer Vermittlungsbemühungen ernteten und die Hörer auf ihre Seite zogen.

Kürzlich hielt ich einen Vortrag bei einem Unternehmen, das seine Zwischenhändler eingeladen hatte. Diese stöhnten unter der Last der Innovationsoffensive des Unternehmens, die sie ihren Kunden verkaufen mussten, obwohl sie den Sinn diverser Errungenschaften selbst nicht verstanden.

Das Unternehmen verteidigte sich mit dem Argument, es würde doch viel Geld in das erstklassige Marketing seiner neuen Produkte investieren.

Die Zwischenhändler beharrten jedoch darauf, dass ihnen dieses Hochglanzmarketing keinesfalls die nötigen Informationen bieten würde, um ihren Kunden kompetent gegenübertreten zu können.

Das Unternehmen musste am Ende langer Diskussionsprozesse akzeptieren und einsehen, dass es künftig vor allem in bessere Vermittlungsstrukturen investieren muss, damit seine Innovationen nicht ungerechtfertigterweise in den Archiven landen.

Kontinuität durch Wandel

Im Orchester schafft nur die permanente Bereitschaft zur Veränderung Kontinuität. Das Gestern zählt wenig, so erfolgreich es auch gewesen sein mag, es mutiert schnell zur reinen Erinnerung, und das ist auch gut so.

Vor einigen Tagen errang das Spitzenorchester zu Hause einen großen Erfolg bei Publikum und Presse. Für die Musiker und den Dirigenten eine tolle Motivation im richtigen Augenblick, denn von nun an geht es mit dem gleichen Programm auf Tournee in die wichtigsten Musikmetropolen der

Welt. Man ist dabei höchster Qualität verpflichtet. Schließlich ist das Orchester das kulturelle Aushängeschild der Stadt und Botschafter seines Landes.

Das Orchester probt auf der ersten Station seiner Reise, aber in diesem Konzertsaal klingt plötzlich nichts mehr so, wie es die Musiker von zu Hause gewohnt waren und in mühevoller Kleinarbeit einstudiert hatten.

Denn die akustischen Parameter sind in jedem Konzertsaal der Welt anders. Und das erfordert von allen Musikern eine ungeheure Flexibilität.

Während die tiefen Instrumente, beispielsweise die Kontrabässe, im heimatlichen Konzertsaal wunderbar voll, kräftig und warm klangen, verschluckt der neue, unbekannte Saal die tiefen Frequenzen. Obwohl die Bässe für die Sinfonie perfekt ausbalanciert waren und die Spieler genau wussten, was technisch notwendig war, müssen sie jetzt plötzlich ungewohnt kraftvoll spielen, obwohl »piano« in den Noten vorgeschrieben ist, damit man sie überhaupt wahrnehmen kann im sinfonischen Kontext.

Die hohen Geigen klangen zu Hause wiederum ein bisschen dünn, und mit angenehmer Überraschung stellen sie nun fest, dass ihnen der neue Saal entgegenkommt. Sie klingen rund, homogen und nuancenreich.

Auch der Dirigent ist anfangs irritiert. Denn er ist gewohnt, die Holzbläser klar und deutlich zu hören, und hat sich darauf eingestellt. Aber an diesem Ort dringen sie kaum zu ihm durch im orchestralen Stimmengewebe, obwohl sie bereits mit aller Kraft und roten Köpfen blasen. Ein Musiker, der bei diesem Stück nicht beschäftigt ist und im Saal sitzt, bestätigt dem Dirigenten jedoch, dass die Holzbläser gut zu hören sind, was alle einigermaßen beruhigt. Dennoch erschwert diese akustische Problematik das Zusammenspiel beträchtlich.

Dann beschweren sich zusätzlich die Hörner, dass sie kaum wahrnehmen können, was vorne in den Streichern gespielt wird, und das auch noch zeitverzögert. Aus diesem Grunde sind sie immer ein bisschen zu spät dran. Der Dirigent versucht dies auszugleichen, indem er bei wichtigen Hornpassagen für sie einen Hauch vordirigiert.

Auf Reisen setzen Orchester üblicherweise Anspielproben an, um sich auf die neuen akustischen Bedingungen einzustellen. Diese Feinjustierung verlangt von den Einzelnen oft eine völlige Neuorientierung. Und das, obwohl sie mit demselben Stück zuvor bereits ein perfektes Ergebnis abgeliefert haben.

Die gleichen Strategien, die an einem Ort erfolgreich funktionieren, können woanders im Desaster enden. Nur die permanente Bereitschaft zu Veränderung und Anpassung an neue Umstände schafft Kontinuität.

Orchester dürfen sich niemals auf ihren Lorbeeren ausruhen. Selbst nach Triumphen können sie niemals behaupten: »Wir können das jetzt, dieses Stück haben wir erstklassig drauf, niemand kann uns diesen Erfolg künftig streitig machen.«

Wenn die Musiker mit Hilfe der ordnenden Hand des Dirigenten dann endlich ihre neue Balance im Saal gefunden haben und sich ihrer Sache sicher sind, folgt oft die böse Überraschung: Im Konzert klingt wieder alles ganz anders, weil die Anwesenheit des Publikums die Akustik erneut verändert. Meistens wird der Klang mit Publikum trockener, also weniger hallig, was wiederum eine andere Spielweise erfordert, um das angestrebte Resultat zu bekommen.

Jeder Musiker hört sofort, was los ist. Es bleibt dem Ensemble also nichts anderes übrig, als sich wieder offen und flexibel den veränderten akustischen Bedingungen zu stellen, um darauf angemessen reagieren zu können. Keiner kommt dabei auf die Idee zu lamentieren, weil dieser kontinuierliche Anpassungsprozess nie zu einem Ende kommt. Für Musiker ist es einfach eine Selbstverständlichkeit: Neue Umstände verlangen neue Strategien der Umsetzung. Und wenn sie diesen Justierungsjob gut erledigen, kann das Publikum am Ende das angestrebte künstlerische Produkt erleben.

Abgesehen davon, dass man jedem Unternehmen Mitarbeiter mit einer solchen anpassungsfähigen Haltung wünschen möchte, kann dieser Vergleich auch dafür stehen, dass der Versuch, gleiche Strategien an unterschiedlichen Orten oder auf unterschiedlichen Märkten anzuwenden, ziemlich in die Hose gehen kann.

Jeder Markt hat seine ganz spezifischen Strukturen und Voraussetzungen, und wenn etwas an einem Ort perfekt funktioniert, sollte dies nicht als Freibrief verstanden werden, das identische Konzept auch woanders ohne Feinjustierung anzuwenden.

Kontinuität entsteht also durch die permanente Bereitschaft zum Wandel. Dieser ist möglich, wenn erarbeitete Lösungen nicht als endgültig und in Stein gemeißelt aufgefasst werden, so menschlich verständlich dies nach harter Arbeit auch sein mag.

So wie ein Orchester nach einem großartigen Erfolg am nächsten Tag an einem anderem Ort wieder von vorne beginnen muss, damit das angestrebte Ergebnis möglich wird, so müssen im Wirtschaftsleben Ergebnisse stets hinterfragt und danach flexibel auf die sich kontinuierlich verändernden Bedingungen abgestimmt werden. Unter diesem Gesichtspunkt betrachtet, scheint es befremdlich, wenn Führungskräfte oder Mitarbeiter an einmal gewonnenen erfolgreichen Strategien verbissen festhalten wollen, während rundherum alles konstant im Fluss, in Bewegung ist.

Man sollte Erfolg durchaus genießen, aber gleichzeitig wissen, dass sich die Bedingungen stetig verändern, und damit verbunden auch die Voraussetzungen für weiteren Erfolg.

In manchen Unternehmen gibt es die Tendenz, das Produkt nicht den Kundenbedürfnissen anzupassen, sondern dem Kunden das Produkt überzustülpen, denn schließlich hat man viel Zeit und Geld darauf verwendet, es zu perfektionieren.

Viele Künstler haben die hilfreiche Charaktereigenschaft, sich nur extrem kurzfristig über Erfolge freuen zu können. Sie wissen und spüren zutiefst, dass das erstklassige Konzert vom Vorabend keinerlei Bedeutung für ihr nächstes Publikum hat. Alles muss stets neu erkämpft und erarbeitet werden. Die Devise muss lauten: Das Gestern ist nichts, das Morgen ist alles.

Emotionalität und Sachlichkeit

»Sie sind so emotional. Lassen Sie uns das Thema besprechen, wenn Sie sich wieder beruhigt haben. Bleiben Sie doch sachlich.«

Meistens wird in der Berufswelt die Erregung eines Mitarbeiters, sein Aufgewühltsein, als eine den reibungslosen Ablauf behindernde Emotionalität bezeichnet, die einem effizienten Austausch zwischen Menschen entgegensteht.

Dabei ist interessant, dass »Emotionalität zeigen« anscheinend mit »Kontrolle verlieren« gleichgesetzt wird.

Im Gegensatz dazu werden manche Künstler ja allein schon deswegen als emotional bewertet, weil sie sich beim Musizieren auf der Bühne austoben, bis der Schweiß tropft und sie dabei ihr Gesicht manchmal zu ekstatischen Grimassen verziehen, was dem Publikum wohl suggerieren soll, dass sie auch empfinden, was sie gerade tun.

Es kann schon sein, dass diese optische Darbietung bei manchen Frauen im Publikum die Sehnsucht auslöst, den eigenen, eher nüchternen Ehemann einmal in einem solch extrovertierten Zustand anzutreffen.

Aber mit Emotionalität haben beide Beispiele wenig zu tun.

Manchmal sagen Freunde zu mir: »Du hast es gut. Du kannst einfach deine Gefühle ausleben in deinem Job.«

Gerade in Bezug auf Emotionen und Künstlertum liegt anscheinend ein fatales Missverständnis vor, dass der Klärung bedarf.

Manche haben die überaus falsche Vorstellung, dass man im Künstlerberuf einfach seinen Gefühlen freien Lauf lassen kann. Jedoch hat das mehrstündige Üben am Instrument oder beim Dirigenten das Studium der Partituren viel mehr von der nüchternen Atmosphäre eines Aktenstudiums, als der Konzertbesucher ahnt oder wahrhaben will.

Ich wage die Behauptung, dass es »emotional« keinen Unterschied macht, ob man am Montag morgen zweihundert E-Mails abarbeiten, oder zum tausendsten Male die ewig gleichen Fingerübungen machen muss, um nach dem Sonntagsausflug am Instrument wieder halbwegs in Form zu kommen.

Stellen Sie sich bitte vor, was es für Kinder und Jugendliche bedeutet, tagtäglich stundenlang auf ihren Instrumenten üben zu müssen, um einmal vielleicht richtig gut zu werden. Diese Strapazen haben in erster Linie mit Handwerk und Technik zu tun, einschließlich der damit verbundenen theoretischen Analysen.

Ein emotionaler Ausbruch zeigt sich dann vielleicht eher in Situationen der Verzweiflung, wenn ein junger Instrumentalist trotz der ganzen Mühe auf der Stelle tritt und kein Licht am Ende des Tunnels sieht, obwohl bereits die Fingerkuppen schmerzen. Wenn ihm nicht bewusst wäre, dass die Eltern ihren Bausparvertrag in seine wertvolle Geige investiert haben, würde er das alte Ding vielleicht voller Zorn an die Wand schleudern.

Außerdem spielt kein Musikstudent hauptsächlich nur wunderbare Musik, bei der er sich verwirklichen kann. Im Gegenteil. Notenhefte unterschiedlicher Schwierigkeitsgrade sind voll mit endlosen, monotonen Fingerübungen, komplizierten Bogenübungen oder nervtötenden Notenfolgen, die die Atemtechnik befördern. All diese Quälereien begleiten jeden Musiker bis zum Ende seiner Karriere.

Und erst wenn ein hohes Maß an Beherrschung diverser Techniken gegeben ist, dürfen sich Musiker an diejenigen Meisterwerke heranwagen, die Sie als Zuhörer auch in Konzerten zu Ohren bekommen.

Nie werde ich den Moment vergessen, als mir mein Professor an der Hochschule offerierte, dass ich jetzt handwerklich so weit wäre, um mit dem Studium eines »richtigen« Violinkonzerts beginnen zu dürfen. In meinem Fall handelte es sich um das Konzert in a-Moll von J. S. Bach. Für die berühmten romantischen Violinkonzerte, beispielsweise Brahms, Tschaikowsky, Sibelius, ist man ohnehin erst nach mehreren Jahren der Ausbildung reif.

Aber wo bleibt dann dieser wesentliche emotionale Faktor in der Musik, der sie erst erlebbar macht, der uns zum Träumen bringt oder zu Tränen rührt, der uns Schmerz oder Euphorie empfinden lässt?

Selbstverständlich bringen sich Musiker mit Leib und Seele in die Musik ein. Sie verzehren sich dabei. Aber eben nicht geschmack- und uferlos, sondern immer im Dienste der Sache. Es ist Teil der Ausbildung, sich stilistisch mit den großen Komponisten auseinanderzusetzen. Unabhängig von den Gefühlen, die Beethoven bei einem jugendlichen Spieler auslöst, wäre es absolut verpönt, seine Musik mit einem hochromantischen Ausdruck und der damit verbundenen Technik zu spielen. Was sich aber für Beethoven ausschließt, ist beispielsweise bei Tschaikowsky unabdingbar. Jeder Komponist hat seine spezifischen Eigenheiten, mit denen sich jeder Musiker erst eingehend beschäftigen muss, bevor er seine eigene Persönlichkeit stilistisch und geschmackssicher verwirklichen kann.

Auf diese Weise arbeiten junge Musiker an ihrer Technik und gleichzeitig feilen sie an den verschiedenen Stilen der klassischen Musik. Natürlich legen sie parallel dazu ihr Herz und ihre Seele in die Musik, aber stets mit einer gewissen Gegenprobe. Während des Studiums kommt diese vom Professor, danach ist eine kontinuierliche Selbstkontrolle die Basis eines gebildeten Künstlertums.

Es geht nicht darum, Gefühle auszuleben, sondern darum, sie zuzulassen. Das ist ein wesentlicher Unterschied. Emotionalität muss erst einmal zugelassen und dann als »human factor« in Arbeitsprozesse integriert werden.

Nicht auszudenken, was passiert, wenn an die hundert Musiker eines Orchesters ihren Gefühlen einfach nur freien Lauf lassen würden. Als Zuhörer würden Sie in diesem Fall wahrscheinlich kein Konzert, sondern eher ein bühnenreifes Schlachtgetümmel erleben, bei dem die Instrumente als Wurfgeschosse dienen.

Es gibt Künstler, deren Gefühle sich aufgrund ihres Temperaments auch in einer sehr ausdruckstarken, bisweilen dramatischen Körpersprache mitteilen. Dennoch können Zuhörer erkennen, ob es sich bei ihnen um wahrhaftige Musiker oder eher um Showstars handelt (siehe 4. Kapitel, Voraussetzungen für Authentizität).

Viele großartige Musiker zeigen auf der Bühne wenig sichtbare Regung, während sie mit der Musik verschmelzen, mit ihr eins werden. Ob nun Pianisten mit fast unbewegter Miene vor dem Flügel sitzen, während ihre Finger über die Tasten huschen, oder Geiger, abgesehen von den erforderlichen Bewegungsabläufen, in sich versunken, fast abwesend und konzentriert, auf der Bühne stehen. Oder ob Dirigenten allein in Richtung Orchester orientiert sind, ohne gleichzeitig den Zirkusdirektor fürs Publikum zu geben. Künstler sind naturgemäß voll tiefster Gefühle, aber völlig unabhängig davon, ob nun ihre Körpersprache dies veranschaulicht oder nicht.

Im Wirtschaftsleben wird Emotionalität oft gegen sachliche Vernunft ausgespielt. Beides hat seine Berechtigung und seine Zeit.

In den allermeisten Meetings und Diskussionen werden allein Fakten präsentiert und diskutiert. Das mag in der Controllingabteilung vertretbar sein, aber in den meisten kreativen Teamprozessen, ja selbst in Strategiediskussionen wären definitiv mehr menschliche Faktoren nötig.

Die Akzeptanz des »human factor« dient in Orchestern und Unternehmen auch der Qualitätssicherung. Eine rein mechanistische Sicht auf Unternehmensprozesse verliert den Menschen aus den Augen, sowohl als Kunden, als auch als Mitarbeiter. Alles, was produziert wird, berührt letztendlich in irgendeiner Form menschliche Bedürfnisse, aber manchmal dominiert in der Unternehmenskultur eine Atmosphäre der Sachlichkeit, die diesen Aspekt völlig in den Hintergrund drängt.

Daten und Fakten geben zwar Sicherheit, aber man kann sich auch leicht hinter ihnen verstecken. Denn oft kaschieren sie mehr, als sie beleuchten, je nachdem, wie man sie auslegt. Daten und Fakten schaffen eine Aura der Kompetenz, obwohl sie oft eine Reduktion bestehender Zusammenhänge sind.

Dabei werden individuelle Gefühle mit Verbalakrobatik kaschiert, obwohl sie doch alles durchdringen, ob man will oder nicht. Es ist ja heute fast schon peinlich, wenn eine Führungskraft ihre Analyse mit dem Satz beginnt: »Ich habe das Gefühl, dass…«. Sogleich werden mehrere Teilnehmer ein wenig die Nase rümpfen, als wollten sie sagen, Gefühle sind hier fehl am Platz, lassen sie uns von Tatsachen reden.

Stattdessen zu formulieren, »Ich habe den Eindruck, dass …«, wäre einen Hauch angemessener, weil der Begriff »Eindruck« signalisiert, dass er einem einerseits bewusst, andererseits, unter neuen Bedingungen, auch jederzeit veränderbar ist.

Absolut perfekt, wasserdicht und daher gebräuchlich ist natürlich die Aussage: »Aus den mir vorliegenden Fakten kann ich ersehen, dass …«. Diese Formulierung beinhaltet sogleich den Vorteil, sich im Falle einer Fehleinschätzung der Lage leicht wieder herausreden zu können, denn »die damals mir vorliegenden Fakten gaben mir ein falsches Bild«.

Aus Fakten richtige Schlüsse zu ziehen, ist eine hohe Kunst. Das geht einerseits nicht ohne nüchterne Analyse, bei der man alle Informationen in sich aufsaugt. Es funktioniert andererseits auch nicht ohne eine Akzeptanz des emotionalen menschlichen Faktors, der alle belegbaren Tatsachen wie in einer Zentrifuge verquirlt und dann zu einem Gesamteindruck verbindet, den einzelne Fakten niemals darstellen könnten.

Emotionalität ist für die Wirtschaftswelt von großer Bedeutung, weil sie auf wundersame Weise nebeneinanderstehende Fakten zu einem »gefühlsmäßigen« Gesamteindruck verbindet. Ein Gefühl für einen Sachverhalt zu haben, kann somit bedeutend umfassender und zielführender sein, als einzelne Fakten zu benennen.

In der Wirtschaftssprache hat allein schon das Wort »Gefühl« etwas Verwerfliches. Dieser Begriff ist den meisten einfach zu vage, er lässt sich nicht messen und außerdem kaum verifizieren. Eine Führungskraft, die »ein Gefühl hat«, wirkt inkompetent, weil sie damit keine Tatsache benennt und beschreibt, die die anderen sofort wieder von der Controllingabteilung prüfen lassen können. Mit »Gefühl« entzieht man sich auf subtile Weise der allgemeinen Überprüfbarkeit, was bei den anderen wiederum Verunsicherung auslöst. Wo kommen wir denn hin, denken sie, wenn wir uns jetzt auch noch mit Gefühlen herumschlagen müssen, wo wir doch schon die Fakten nicht verstehen?

Auf diesem Gebiet kann man viel von Musikern lernen, denn sie beherrschen dieses Wechselspiel perfekt: einerseits harte Arbeit, andererseits Gefühle einbringen und ausdrücken, aber eben nicht in hemmungsloser Selbstverwirklichung, sondern mit kontinuierlicher Prüfung, inwieweit sie der Musik eines Komponisten inhaltlich und stilistisch gerecht werden.

Sind also Künstler am Ende die emotionaleren Menschen? Nein.

Zugegeben, manche stellen sich öffentlich auf diese Weise dar, weil ihnen dieses Image gesellschaftlich keine Nachteile bringt. Aber sie würden es nicht glauben, wie ernst und unscheinbar manche Künstler wirken, nachdem sie den Frack ausgezogen haben und der Öffentlichkeit entflohen sind. Wahrscheinlich würden sie die meisten überhaupt nicht als Künstler klassifizieren können, wenn Sie ihnen auf der Straße oder im Café begegnen. Abgesehen davon, dass sie im Scheinwerferlicht der Bühne größer wirken, als sie sind.

Vielleicht erinnert Sie der große Pianist sogar an einen verschrobenen Beamten, wenn sie ihn im Restaurant treffen. Nun, Sie merken, ich möchte ein wenig aufräumen mit den Vorurteilen über Künstler und dem Klischee von deren permanent emotionalem Dasein.

Im Wirtschaftsleben gibt es keine Kreativität, keine Ideen, keine Konzepte ohne Leidenschaft für eine Sache. Und wie kann es diese geben ohne Emotionalität? Emotionalität ist die Urkraft unseres Handelns.

Ingenieure, die Motoren bauen, Maschinenschlosser, die an einem Tausendstel Millimeter feilen, Chemiker, die hoffnungsvoll forschen, sie alle haben eine Vision und sind getrieben von ihrer Begeisterung für die Sache, die sich allerdings bei der Arbeit nicht in Überschwang und Temperamentsausbrüchen manifestieren kann. Es ist ein Phänomen unserer Zeit, dass Leidenschaft und Begeisterung gleichzeitig mit extrovertiertem Verhalten assoziiert werden.

Die Mitarbeiter von Unternehmen arbeiten zuallererst nüchtern und sachlich an der Materie, und dabei machen sie wie Musiker tagtäglich die mühevolle Erfahrung, dass erst die handwerklichen und technischen Aspekte das notwendige Fundament bilden, damit ihre Ideen auch Gestalt annehmen können. Emotionalität ist im Berufsleben der Motor, der uns antreibt, dennoch muss sie kontrolliert in Arbeitsabläufe integriert werden. Jede Art von Selbstverwirklichung, die sich bei allem Ideenreichtum nicht auf die Sachlage und deren Notwendigkeiten bezieht, ist kontraproduktiv.

Unsere Leidenschaft und Begeisterung für eine Sache ist die Basis, dass wir die handwerklich-technischen Mühen, die den größten Teil der Arbeit ausmachen, als Notwendigkeit begreifen und auf uns nehmen.

Es geht beim einzelnen Menschen anfänglich weniger um die Akzeptanz des Emotionalen als um eine Sensibilisierung der Sinneswahrnehmungen. Also um die Fähigkeit zur Empfindung. Denn ohne diese ist und bleibt Emotionalität ein leeres Wort.

Der Begriff Emotionalität ist überfrachtet mit Hoffnungen, Sehnsüchten aber auch Ängsten. Wir können unseren Gefühlen beträchtlich mehr Vertrauen schenken, wenn die Grundvoraussetzung gegeben ist: die Fähigkeit, das Umfeld sensibel und offen wahrzunehmen, ohne es unentwegt auf das Maß zu reduzieren, dass man sich selbst als Toleranzgrenze gesetzt hat.

Das ist doch unmöglich, werden Sie sagen, kein Mensch kann sich frei machen von sich selbst. Einerseits richtig.

Andererseits komme ich bei dieser Frage wieder auf eines der wesentlichen Themen meines Buches zurück, welches ich im 2. und 3. Kapitel ausführlich erörtert habe: Einheit aus Vielfalt.

Harmonie und Einheit können und sollen durch Zulassen von Vielfalt entstehen und nicht durch Gleichschaltung der unterschiedlichsten Persönlichkeiten. Allein dies entspricht der menschlichen Natur.

Wenn man sich diesem Bewusstsein verpflichtet fühlt, dann kann man sich in der Folge auch gestatten, die unterschiedlichsten Charaktere anzunehmen und sie nicht als Angriff auf die eigene Persönlichkeit zu empfinden.

Zusätzlich befreit einen das Bewusstsein einer menschlichen Vielfalt auch selbst, weil man dadurch die eigenen Facetten und Nuancen akzeptieren darf, auch wenn sie nicht dem vorgegebenen »Mainstream« entsprechen, der ja nicht Vielfalt, sondern Gleichschaltung bedeutet.

Sensibilität beziehungsweise Empfindungsfähigkeit ist das Fundament, Emotionalität die Folge. Zuerst muss ich sensibel wahrnehmen und fühlen können, erst dann kann ich mich mit meiner Emotionalität einbringen. Emotionalität ohne Sensibilität ist Dilettantismus.

Und diese Empfindungsfähigkeit kann und muss manchmal auch erlernt werden. Ich kann als Künstler in der Musik keine Gefühle ehrlich ausdrücken, wenn ich sie nicht bereits als Empfindung in mir trage. Wenn ich also im Vorfeld nicht offen war, diese in mir als Erfahrung aufzunehmen.

Vielleicht werden Sie einmal an einem mehrtägigen Weinseminar teilnehmen. Bei der ersten Verkostung möchten Sie sich natürlich keine Blöße geben und sofort Ihre Kennerschaft unter Beweis stellen. Der erste Schluck animiert Sie sofort zur genüsslichen Schlürferei, danach sagen Sie mit abwägender Miene zum Sommelier, dass die Trauben dieses Weines wohl im Jahre 2003 an einem sonnigen Südwesthang gewachsen sind. Sie haben also den Mut, ihr persönliches Gefühl mitzuteilen.

Der Sommelier antwortet Ihnen: »Warten Sie ab, wir haben eine ganze Woche Sensibilisierung vor uns. Und wenn Sie gut zuhören und viel probieren, dann können Sie am Ende des Kurses wahrscheinlich sogar schon Rotwein von Weißwein unterscheiden.«

Echte Emotionalität hat auch mit Wissen zu tun. Sie setzt die Schulung der eigenen Wahrnehmung und Empfindungsfähigkeit voraus.

Zum Abschluss ein musikalisches Beispiel, welches einige Aspekte meines Buches demonstriert.

Hören Sie die Coda der 4. Sinfonie von Anton Bruckner, also die letzten Minuten dieses Werks, wo sich die wichtigsten Themen noch einmal aus dem Nichts zur triumphierenden Schlussapotheose steigern und zusammenballen.

Es beginnt leise und vorsichtig, fast zart. Die Musik im Schwebezustand, man weiß nicht, wohin sie führen wird. Diese kreative Unsicherheit muss ausgehalten werden, damit sich etwas entwickeln kann.

Ein ruhiges, nach oben strebendes Bläsermotiv baut eine subtile Spannung auf, gleichzeitig findet in den Mittelstimmen der Streicher ein kontinuierlicher monotoner Wechsel zwischen zwei benachbarten Tönen statt, aus dem sich in der Folge die Energie für die kollektive Steigerung speist.

Es herrscht eine noch undefinierbare Balance zwischen Wollen und Entstehenlassen. Nichts wird künstlich »gemacht«, niemand fällt dabei aus dem Rahmen.

Drohende Basstöne unterlegen das Bläsermotiv mit einer

mysteriösen Spannung. Die Bläser modulieren, wechseln die Tonart, auf unvergleichlich schöne, einfache und erhabene Weise, dann fallen sie tonal wieder in die Ausgangslage zurück.

Langsam steigert sich das monotone Streichermotiv, andere Streichergruppen helfen dabei. Kontinuierlich wird es lauter, packender, exzessiver, aber die Emotionalität aller Mitstreiter mündet dennoch nicht in eine individualistische Selbstverwirklichung. Gefühle werden integriert, aber nicht ungehindert ausgelebt, die komplexe Architektur des Spannungsbogens würde unvermittelt zusammenbrechen.

Die Streicher sind bereits mit voller Kraft am Anschlag. Erst im letzten Moment steigern sich, perfekt aufeinander abgestimmt, die Blechbläser. Bei allen beteiligten Kräften dominiert das Bewusstsein, dass Freiheit, also das Einbringen der spezifischen Persönlichkeit im Kontext einer gemeinsamen Entwicklung, stattfinden muss.

Kurz vor dem Ende entfaltet sich die gesamte ungeheure Klangkraft des Orchesters. Zuletzt fällt noch die Pauke ein, die die triumphale Dramatik zu ihrem Höhepunkt treibt.

Und dann, mitten in diesem faszinierenden Klangrausch, hören alle diese eigensinnigen, individualistischen Musikerinnen und Musiker unvermittelt gemeinsam auf. Gleichzeitig, auf den Bruchteil einer Sekunde genau.

Überall wo Menschen in Arbeitsgruppen, Teams oder Abteilungen zusammenarbeiten, entstehen identische Probleme, nur erscheinen diese im Orchester wie unter einem Brennglas auf den Punkt gebracht.

Die komplizierten und vielschichtigen Abstimmungs- und Arbeitsprozesse, die für ein erfolgreiches Konzert so unabdingbar sind, stellen kein Hindernis dar, dass Orchester und Dirigent ihrem Publikum als einheitlicher Organismus gegenübertreten.

Trotz dieses homogenen Erscheinungsbildes besteht ein Orchester letztlich aus Einzelkämpfern, die sich jedoch gleichzeitig mit Hilfe eines Bewusstseins organisieren, welches für ein besseres gesellschaftliches Miteinander exemplarisch sein kann.

Einheit und Vielfalt sind eben kein Widerspruch, denn nur auf diese Weise gelangt man innerhalb des Unternehmens Orchester vom individuellen Solo zur vielstimmigen Sinfonie. Erst die Fülle der individuellen Fähigkeiten und Charaktere, die sich gemeinsamen Werten verpflichtet fühlen, ergibt einen tragfähigen Gesamtklang. Viele Stimmen – ein Ziel. Dies sollte auch in anderen Unternehmen stets gegenwärtig sein.

Und falls Sie demnächst vielleicht einmal einem sinfonischen Konzert beiwohnen und dabei feststellen, dass Sie das Geschehen auf der Bühne plötzlich mit ganz anderen, neuen Augen betrachten, so wäre meinem Anspruch, den ich mit diesem Buch verbinde, Genüge getan.